农业实用新技术集锦

包玉亭　主编

中国农业出版社
北　京

目 录 MULU

水 稻 篇

一、水稻浸种催芽技术要点

在浸种催芽的关键时节，每年总有少部分农户在浸种催芽过程中，因操作不当等造成种子出芽不好、种子发酸、发黏等问题。为了便于广大群众掌握水稻浸种催芽关键技术，结合近几年来的生产实践及部分农户浸种催芽的好方法，总结出如下几个技术要点：

（一）晒种

浸种前一周选晴天将种子晒 6～8 小时，然后将晒好的种子放在干燥、阴凉的地方凉透心，以促进种子的呼吸和酶活性的恢复，从而提高种子发芽率和发芽势；晒种也可杀死部分附着在稻壳上的病菌。不要直接把稻种摊在水泥地板上晒，以防晒伤稻种。

（二）选种

要求用清水选种，把浮在表层的秕谷捞出，选用饱满的稻种，以培育出整齐的健壮秧苗。

（三）浸种

1. 活水浸种 浸种时间不宜过长，最好采用日浸夜露的方法，即白天浸种，夜晚捞出摊开，浸种时最好将种子放入流动清水中先浸 6 小时（用不流动的清水浸种的要每隔 4～6 小时换水一次）。

2. 药剂浸种 部分品种受病菌感染严重，建议采用药剂浸种，包衣种子除外。清水浸种 6 小时后，使附在种子上的病菌孢子萌动，再进行药剂杀菌。目前常用的药剂有 25％咪鲜胺乳油 2 000～3 000 倍液（即 2 毫升兑水 5 千克，浸种 4～5 千克），需浸种 6 小时。消毒药液应高出种子表面约 3.5 厘米（消毒期间不换水），然后将稻种用清水反复冲洗，把残留药液冲洗干净。

（四）催芽

目前还有不少农民喜欢将种子装在编织袋中催芽，甚至因为温度达不到催芽要求，将种子放在太阳下暴晒，这样往往造成烧芽。最简单实用的方法是用双层、无菌、湿润的麻袋催芽，需先在地面垫一层无菌稻草，将一条麻袋铺好，把种子均匀地铺在上面，再将另一条麻袋盖在上面，中途注意适当添加水分即可。也可装入麻袋或比较通气的编织袋，四周可用稻草封好保温。种子升温后，控制温度在 35～38℃，温度过高时要翻堆，过低时则泼温水提高温度。经 20 小时左右，种子即可露白破胸。气温正常时则采用日浸夜露的方法浸种催芽，无须加保温材料，均可正常发芽。

（五）适时播种

种子露白后调温到 25～30℃，适温催芽促根，待芽长半粒谷、根长一粒谷时即可播种下田，机插抛栽育秧芽长要适当短些，在催芽中要随时注意谷种温度的变化，保持温度适宜。温度过高会烧种，过低则会使种子发酸，影响发芽率。

（六）炼芽

将催好芽的种子摊开，在常温下炼芽 3～6 小时后再播种，使种子适应环境温度，提高成苗率。

二、水稻插秧技术要点

水稻插秧技术要点：掌握适宜水深、田面硬度、最佳插深，插前三带、培育适龄壮秧、合理密植、科学灌溉、早施蘖肥、及时防虫、适时抢早、插满插严、按序插秧。

(一) 适宜水深

要求插秧前一天把格田水层调整到 1 厘米左右，有利于插秧机械作业。若田面水过少，插秧机行走困难，秧爪里容易沾泥，夹住秧苗，导致秧槽内易塞满杂物，供苗不匀、不齐，甚至折苗，造成缺苗严重。若田面水过深，容易立苗不正，插秧深浅不匀，浮苗、缺苗多，插秧机行走过程中易推苗压苗，难以保证插秧质量。

(二) 田面硬度

插秧时田面硬度检查方法是食指入田面 2 厘米左右深度划沟，周围软泥呈合拢状态时，为最佳的插秧状态。如沉淀不好，田面过于稀软，秧苗插不牢，立秧姿势乱，插后秧苗易下陷，影响缓苗和分蘖生长。田面硬度过大，插秧阻力大，容易伤苗，插秧深度变浅，插后痕迹不能及时合拢，造成漂苗、缺苗。

(三) 最佳插深

机械插秧的深度对秧苗的返青、分蘖以及保全苗影响极大。一般插秧深度 0.5 厘米时易散苗、倒苗、漂苗；插秧深度 3 厘米以上，就会抑制秧苗返青和分蘖，尤其是低位节分蘖受抑制明显，高位节晚生分蘖增多，分蘖延迟，分蘖质量差；弱苗插深还会变成僵苗。而插秧深度在 2 厘米左右时，则不出现倒苗、漂苗现象，植株发根较多，生长健壮，分蘖力强，因此，水稻机械插秧深度宜控制在 2 厘米左右；人工插秧深度宜在 1～1.5 厘米；抛秧栽培钵面入土 2/3（泥浆状态抛秧）为宜。

(四) 插前三带

三带即带磷（磷酸氢二铵 125～150 克/米^2）、带药（每 100

米² 施用 70％吡虫啉 6～8 克）、带生物肥（如益微增产菌、世绿生物肥等，按照说明书使用）。按照插秧的农时安排，有计划地在插秧前一天进行三带工作，以避免肥料浓度过大造成烧苗，同时，还可以延长防治潜叶蝇的时间，提高对潜叶蝇的预防效果。

（五）培育适龄壮秧

移栽期秧苗素质的好坏对秧苗返青、分蘖影响极大，一般要求旱育中苗（3.1～3.5 叶）和旱育大苗（4.1～4.5 叶）是根白而旺、叶挺而绿、秧龄适当、整齐均匀、干物重高、抗逆能力强的健壮秧苗，这样的秧苗插后返青快、分蘖早、生长旺盛。素质差的徒长秧苗，插秧后叶片漂浮在水面上，极易受到潜叶蝇的危害，叶片很快腐烂，即使叶片保持完好，撤水后叶片恢复直立非常缓慢，缓苗慢、返青迟，如遇不良环境条件，则死叶多、死苗率高。

（六）合理密植

插秧的密度（每平方米的基本苗数）应根据土壤的肥力状况、秧苗素质、气候条件、栽培水平等综合因素来确定，单位面积基本苗数以计划穗数（一般以每平方米收获穗数 600 穗以上）的 1/5～1/4 为好。一般土壤肥沃、施肥水平高、供肥能力强、秧苗素质好、气候条件好的地块可适当稀插，每平方米基本苗数不宜过多，一般在 125 株/米² 比较合适；而土壤较瘠薄，供肥能力差、气候条件差的地块则可适当增加密度，基本苗数控制在 140 株/米² 较为适宜。

（七）科学灌溉

插后立即上护苗水保证返青，水深 4～6 厘米，占苗高的 2/3，以不淹没秧苗心叶为准，促使秧苗早返青、早分蘖、早生快发。在常温下地表水呈花达水（浇水不太透的状态）时，秧苗返青所需天数为 9～10 天；护苗水深 2 厘米时，秧苗返青所需天数为 6～7 天；

护苗水深 4 厘米时，秧苗返青所需天数为 4～5 天。在一定条件下，护苗水深每增加 2 厘米，株高增加 1 厘米，根数增加 2 条左右。

水稻返青后立即撤浅水层，保持 3 厘米左右浅水层，以利增加水温和泥温，加快水稻分蘖。水稻分蘖最适气温 30～32℃，最适水温 32～34℃。气温低于 20℃，水温低于 22℃，分蘖缓慢；气温低于 15℃，水温低于 16℃，或气温超过 40℃，水温超过 42℃，分蘖停止发生。保持浅水层可以增加泥温，缩小昼夜温差，提高土壤营养的有效性，有利于促进分蘖，无水或深水易降低泥温，抑制分蘖发生。

要事先留好出水口，出水口高度 5 厘米，以防降水过多时淹没秧苗或长期深水淹灌，降低根系活力。

(八) 早施蘖肥

插秧后 3～5 天秧苗返青后立即施蘖肥，施肥量是氮肥总量的 30%。其中，蘖肥总量的 80% 在插秧后 4～5 天全田施入，另外 20%（尿素 1 千克/亩*左右）在插秧 7～9 天后看田找适宜施肥处，一般施在黄苗、弱苗的地块，促使肥效反应在 6～7 叶期，促进秧苗早分蘖、快分蘖、多分蘖，减少无效分蘖。为了延长肥效期，可以用硫酸铵和尿素混配施入，3 千克硫酸铵代替 1 千克尿素。分蘖期稻苗体内三要素的临界量是 N 2.5%、P_2O_5 0.25%、K_2O 0.5%。叶片含氮量 3.5% 时分蘖旺盛，含钾量 1.5% 时分蘖顺利。生物硅肥全部用在蘖肥上，用量为 5 千克/亩，与第一次蘖肥一起施用。

(九) 及时防虫

水稻潜叶蝇发生前在 5 月末至 6 月上旬，插秧后及时进行虫情调查，发现潜叶蝇危害时及时喷药防治。调查的方法是选择插后 8～10 天的秧苗靠近水面并平铺在水面上的叶片，用手轻轻捋

---

* 亩为非法定计量单位，1 亩≈667 米²。——编者注

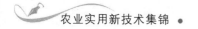

叶片，发现叶片中间有小颗粒即为潜叶蝇的幼虫，应立即喷药防治。

（十）适时抢早

水稻插秧起始温度是气温稳定通过 13℃，泥温 15℃。高产插秧期为 5 月 15～25 日，钵育摆栽期为 18～23 日；5 月 10～15 日、5 月 26～30 日为平产期；5 月 10 日前、6 月 1 日后为减产期。随着时间延后，产量明显降低。

（十一）插满插严

插后同步补苗，插到头、插到边，格田四角插满插严，确保田间基本苗数合理、耕地利用率 100%。要求做到秧苗插得正，不东倒西歪，插秧行要直，行穴距规整，每穴苗数均匀，栽插深浅整齐一致，不插高低秧、断头秧。

（十二）按序插秧

插秧时应从稻田的下头开始，逐步向上头推进，待下一个格田插完秧以后，上一格田中的水放入下一格田作为护苗水，这样，既节约用水，又可提高水温，还能减少肥料流失浪费。同时，主干公路两侧的稻田头两排格田应在 5 月 15 日后插秧。

三、水稻插秧至返青期田间管理

（一）水稻插秧后大缓苗的原因

水稻插秧后迟迟不返青的现象称为大缓苗，发生大缓苗的原因：

（1）秧苗素质差，播种量大，秧苗生长期间没有按叶龄分段控制温度，通风炼苗时间不够，这样的秧苗普遍徒长，叶片嫩，根系不发达，插秧时叶片失水过多，插秧后会大大延长缓苗时间。

（2）干苗的问题，多数农户在拔秧和运苗时，直接将苗放在池梗上，风会将叶片或者根系吹干，这样的苗插到地里后，轻则缓苗时间延长5天以上，重则出现死苗现象，所以在插秧前1天要浇水，保证根系水分充足，起苗后要当天插完秧。如果起苗后不能及时插完秧，剩余的人工插秧苗可以放水里，机械插秧苗最好放在无水层池子的湿泥上，注意不要把秧苗泡在水里。

（3）耙地后到插秧前施用除草剂间隔时间短，造成水稻插秧后迟迟不扎新根，缓苗期长。建议插秧缓苗后再施用封闭除草剂。

（二）插秧返青期间的水层管理

插秧时保持水层3～4厘米，插秧后小水流缓慢灌水，一般水层掌握在苗高的$1/2～2/3$，以不淹没秧心为好，这样不但可以防止叶片因蒸腾失水过多造成的叶片干枯，而且可防止低温时秧苗受冻，可起到以水护苗的作用。

返青后，应将水层控制在3～4厘米，有利于提高水温、地温，促进秧苗早分蘖、快分蘖。

（三）返青后除草剂的使用

水稻插秧后5～7天，待秧苗发出新根缓苗后施用封闭除草剂，选用丁草胺＋吡嘧磺隆或苄嘧磺隆，如果稗草密度大可适当加大丁草胺用量，如果阔叶草密度大，可适当加大吡嘧磺隆或苄嘧磺隆用量；也可以单用噁草酮或丁草胺·噁草酮合剂或苯噻酰草胺·苄嘧磺隆合剂。

（四）少施分蘖肥，根据秧苗的分蘖数配施调节肥

分蘖肥占总施氮肥量的10%为宜，调节肥占总施氮肥量的20%为宜。因为秧苗素质弱，缓苗慢，根系少而小，吸收养分慢，为了促进分蘖可以施分蘖肥，但不能施太多，否则会造成无效分蘖增多，植株生育过于繁茂。秧苗素质好，缓苗快，根系多，分蘖时可不依靠分蘖肥。

四、水稻倒伏的原因及防治措施

（一）根倒伏

根倒伏是指水稻成熟时，底节没有折的情况下根系脱离了土壤。这是由于水稻拔节后根系主要为上层根，比较短；根量也少，这时如果长期排水不好，就会造成土壤对根系的固定力小，再加上植株上部较重而易倒伏。可以在拔节前施穗肥时加入促生根物质，或结合排水预防，以加大根量和促进根伸长。

（二）茎倒伏

茎倒伏是指根未脱离土壤的情况下，底节折断导致植株倒伏。茎倒伏最主要的原因是封行过早，如孕穗前封行。农民种水稻通常认为封行越早，看上去越好，但事实并非如此。水稻底节伸长，也称拔节，拔节的同时，倒二叶伸长，颖花分化。底节的长短与倒伏关系不大，这一点很难理解，因为表面上看，底节长，倒伏就容易发生，底节短则抗倒性就好，但实际上，茎倒伏的根本原因在于底节的充实度太低。在拔节后，剑叶伸展过程也是底节充实过程。底节充实的主要光合产物来源于倒四叶（因为倒四叶着生在底节的下端），前期肥水调控不好，倒三叶最长，密度过大，就会对倒四叶产生遮盖（郁闭），导致倒四叶受光面积减小，严重影响倒四叶的光合效率，造成底节充实物质合成不足，但此时看不出倒伏。

当水稻穗灌浆时，需要大量的光合产物，主要功能叶片为剑叶和倒二叶。如果遇上阴天下雨，光照不足时，剑叶和倒二叶光合作用产生的物质不能满足种子灌浆的需要，这时就会从伸长节间中抽取现成的碳水化合物，导致底节本不充裕的物质更加匮乏，同时植株上部重量逐渐增加，最终底节无法承载而发生倒伏。主要发生在乳熟后期。稻秆硬度是影响倒伏的次要因素。防止茎秆倒伏可在水稻抽穗灌浆时施用硅肥，硅可增强水稻基部茎秆强度，防止水稻倒伏。

五、水稻收获后临时存储的注意事项

（一）控制水分

水稻安全水分含量是安全存储的关键。东北地区水稻收获时正处于低温季节，稻米不易及时干燥，收获后原始水分含量大，应及时进行干燥处理，将水分降到16％以内。

（二）清除杂质

水稻中含有的有机杂质含水量高、吸湿性强、呼吸强度大，湿热在积聚堆内不易散发。因此，把杂质控制在5％以下，可大大提高存储稳定性。

（三）勤通风

及时通风降温、缩小分层温差是防止稻堆上层结露、中下层发热的有效方法。

（四）临时存储注意

收获的粮食至出售前的临时存储一定要注意：粮堆宽度不超过6米，堆形以长方形为主，高度不超过1.5米，不要堆大圆堆，以防堆内温度太高。勤监测温度、水分，如有超标进行倒堆。

（五）袋装储存

收获后用袋装的秋粮一定要单码、多垛存放，垛和垛之间要有空隙，留出通风通道，垛码放置方向与通风方向垂直，以便通风。

六、水稻秸秆还田技术

（1）还田秸秆数量要适中，以风干的秸秆计算，一般不要超过1 000千克/亩。过多的秸秆会影响下茬的播种质量。水田采用秸秆还田时，还要防止秸秆分解过程中所产生的有机酸对根系的毒害。

（2）要用足够功率的机械将秸秆粉碎，长度不超过 10 厘米，耕翻入土深度在 25 厘米以下，覆土要盖严，镇压保墒，这样既可加速秸秆分解，又不影响播种出苗。

（3）秸秆直接还田需要补加速效氮肥。每亩施用 5 千克尿素，用来调节碳氮比，以满足微生物分解秸秆过程中所需的土壤有效氮。如果不额外补施这些速效氮肥，微生物就会把施给幼苗的氮素利用掉，造成幼苗缺氮，出现黄苗问题，影响苗期正常生长。

（4）翻压时间与水分管理。可边收割边耕埋，利用收获时含水较多及时耕埋，以利于腐解。土壤水分状况是决定秸秆腐解速度的重要因素。在水分管理上，对土壤墒情差的，耕翻后应立即灌水；而墒情好的则应镇压保墒，促使土壤密实，以利于秸秆吸水分解。

七、水稻需肥规律与施肥技术

（一）水稻需肥规律

水稻是需肥较多的作物之一，一般每生产稻谷 100 千克需氮（N）1.6～2.5 千克、磷（P_2O_5）0.8～1.2 千克、钾（K_2O）2.1～3.0 千克，氮、磷、钾的需肥比例大约为 2∶1∶3。

水稻对氮素的吸收量在分蘖旺期和抽穗开花期达到高峰。施用氮肥能提高淀粉的产量，而淀粉的产量与水稻的粒重、产量、品质呈正相关。如果抽穗前供氮不足，就会造成籽粒营养减少，灌浆不足，降低稻米品质。

水稻对磷的吸收各生育时期差异不大，吸收量最大的时期是分蘖至幼穗分化期。磷肥能促进根系发育和养分吸收，增强分蘖，增加淀粉合成，促进籽粒充实。

水稻对钾的吸收，主要是幼穗分化至抽穗开花期，其次是分蘖至幼穗分化期。钾是淀粉、纤维素的合成和体内运输时必需的营养成分，能提高根的活力、延缓叶片衰老、增强抗御病虫害的能力。

另外，硅和锌两种微肥对水稻的产量和品质影响也较大。水稻茎叶中含有 10%～20% 的二氧化硅，施用硅肥能增强水稻对病虫害的抵抗能力和抗倒伏能力，起到增产的作用，并能提高稻米品质。锌肥能增加水稻有效穗数、穗粒数、千粒重等，降低空秕率，起到增产作用，在石灰性土壤上作用较明显。硅、锌肥施用在新改水田、酸性土壤以及冷浸田中作用更为明显。

（二）水稻施肥技术

1. 基肥　秧田基肥应重施优质有机肥。有机肥肥效长，养分全，含有大量水稻生长所必需的营养元素。一般每亩施用有机肥500～1 000 千克，同时每亩施用尿素 3～5 千克、磷酸氢二铵 8～15 千克、氯化钾 7～8 千克，或亩施复合肥 20～30 千克，以达到供肥均匀的目的，促使苗壮、苗齐。移栽前 4～5 天，每亩施用尿素 6～7 千克或高氮复合肥 8～10 千克作为送嫁肥，以利秧苗移栽后尽快返青，恢复生长。

要深施到 12～20 厘米的土壤中，使磷酸氢二铵在少氧的环境中保持稳定，防止流失。

2. 追肥

（1）早施分蘖肥。移栽返青后及早施用分蘖肥，以促进低节位分蘖的生长，起到增穗作用。分蘖肥一般分两次施用，每次亩施滴灌冲施肥 10 千克，保证全田的苗生长整齐，起到保蘖成穗作用。

（2）巧施穗肥。水稻倒二叶开始出叶，幼穗长约 1 厘米时，是穗形成和籽粒发育的基础时期，应控制无效分蘖。此时每亩追施尿素 2～8 千克，可确保中期足够的养分转向生殖生长，增加颖花数量，防止颖花退化，促穗大粒重，同时具有养根、健叶、壮秆、防倒伏的作用。群体过小的地块可以提前到穗分化时期施用。

（3）补施粒肥。从抽穗到成熟期间，以提高结实率、确保完全成熟、增加千粒重为主。追肥要视水稻长势而定，宜少不宜多，一般每亩喷施 0.2%～0.3% 的磷酸二氢钾溶液混合海藻酸碘 50～60千克；在缺锌症状出现后，每亩喷施 0.1%～0.3% 的硫酸锌溶液

50～60千克。补施粒肥可以有效地增强植株的抗逆性、抗病性；延长叶片功能期，防止早衰；改善水稻根部氧的供应，提高根系活力；加快灌浆，促进成熟和籽粒饱满，从而增加稻米产量，改善稻米品质。应当注意，前期肥料过足，会引起中期分蘖过多过旺、叶色浓绿、群体间受光态势差，有贪青晚熟趋势的田块，不应追施粒肥。

此外，盐碱地在施肥前应排水洗盐。施肥前3～4天应白天灌水、夜晚排水，防止临时性积盐影响肥效发挥。

八、硅和锌对水稻的增产作用

在水稻的优化配方施肥中，人们往往十分重视氮、磷、钾等大量元素化肥的配合施用，却忽略了硅、锌等元素的施用。

（一）水稻是吸收硅较多的作物

一般茎叶中含有二氧化硅10%～20%，水稻体内硅酸含量约为氮的10倍，磷的20倍。水稻缺硅，容易导致茎秆细长软弱，易倒伏和感染病害，前期缺硅使水稻成穗数减少，后期缺硅则小穗数减少，影响水稻的优质高产。水稻施用硅肥，能增强水稻对病虫害的抵抗能力和抗倒伏能力，改善株型，提高光能利用率，减少叶面蒸腾失水，提高水分利用率，一般可增产10%以上，并能提高稻米品质。在新改水田、冷浸田以及酸性土壤上，水稻施用硅肥的效果更为明显。

（二）水稻对锌元素非常敏感

缺锌会导致植株出叶缓慢，新叶短而窄小，叶色较淡，特别是基部中脉附近褪成黄白色，严重的植株明显矮化丛生，很少分蘖，在田间常表现为参差不齐，稻株根系老朽，呈褐色，抽穗期出现"扬花不收"，一般减产10%～30%，严重田块甚至毁苗绝收。大面积实验结果表明，合理施锌肥后，水稻株高、有效分蘖数、每穗粒数、千粒重都有增加，空秕率有所降低，一般可增产15％以上。在酸性土壤、石灰性土壤以及冷浸田、新改水田施用锌肥作用则更为明显。

（三）具体施用方法

1. 硅肥施用　多利用含有钙、镁的硅酸盐做硅肥，在施用基肥时与其他肥料混合施入，每亩施用量为有效硅1千克。

2. 锌肥施用　一般提倡做基肥施用，亩施硫酸锌1千克，与其他化肥混合施入；也可做根外施肥、中后期土壤追肥及进行种子处理等。根外追肥常用浓度为0.3％硫酸锌，后期追肥为亩施硫酸锌0.5千克左右，都在缺锌症状出现后或分蘖末期进行，种子处理则用0.1％硫酸锌浸稻种24小时即可。

九、水稻营养障碍的危害及防治

（一）营养障碍症状

1. 缺氮发黄症　水稻缺氮植株矮小，分蘖少，叶片小，呈黄绿色，成熟提早。一般先从老叶尖端开始向下均匀变黄，逐渐由基叶延及至心叶，最后全株叶色褪淡，变为黄绿色，下部老叶枯黄；发根慢，细根和根毛发育差，黄根较多。黄泥板田或耕层浅瘦、基肥不足的稻田常发生。

2. 缺磷发红症　秧苗移栽后发红不返青、很少分蘖，或返青后出现僵苗现象；叶片细瘦且直立不披，有时叶片沿中脉稍呈卷曲折合状；叶色暗绿无光泽，严重时叶尖带紫色，远看稻苗暗绿中带灰紫色；稻株间不散开，稻丛呈簇状，矮小细弱；根系短而细，新根很少；若有硫化氢中毒的并发症，则根系灰白、黑根多，白根少。

3. 缺钾赤枯症　水稻缺钾，移栽后2~3周开始显症。缺钾植株矮小，呈暗绿色，虽能发根返青，但叶片发黄呈褐色斑点，老叶尖端和叶缘发生红褐色小斑点，最后叶片自尖端向下逐渐变赤褐色枯死。以后每长出一片新叶，就增加一片老叶的病变，严重时全株只留下少数新叶保持绿色，远看似火烧状。病株的根系均短而细弱，整个根系呈黄褐色至暗褐色，新根很少。缺钾赤枯病主要发生在冷浸田、烂泥田和锈水田。

4. 缺锌丛生症　缺锌的稻苗，先在下叶中脉区出现褪绿黄化状，并产生红褐色斑点和不规则斑块，后逐渐扩大呈红褐色条状，自叶尖向下变红褐色干枯状，一般自下叶向上叶依次出现。病株出叶速度缓慢，新叶短而窄，叶色褪淡，尤其是基部中脉附近褪成黄白色。重病株叶枕距离缩短或错位，明显矮化丛生，很少分蘖，田间生长参差不齐。根系老朽，呈褐色，迟熟，造成严重减产。

5. 缺硫症状　缺硫与缺氮症状相似，在田间难于区分。

6. 缺钙症状　叶尖变白，严重的生长点死亡，叶片仍保持绿色，根系伸长延迟，根尖变褐色。

7. 缺镁症状　下部叶片脉间褪色。

8. 缺铁症状　整个叶片失绿或发白。

9. 缺锰症状　嫩叶脉间失绿，老叶保持近黄绿色，褪绿条纹从叶尖向下扩展，后叶上出现暗褐色坏死斑点，新出叶窄而短，且严重失绿。

10. 缺硼症状　植株矮化，抽出叶有白尖，严重时枯死。

（二）病因

1. 缺氮　未施基肥或施入量不足或施入过量新鲜未发酵好的有机肥。

2. 缺磷　有效磷与有机质含量呈正相关，有机质贫乏的土壤易缺磷。生产上遇倒春寒或高寒山区冷浸田易发生缺磷症。

3. 缺钾　质量偏轻的河流冲积物及石灰岩、红砂岩风化物形成的土壤，或土壤还原性强、氮肥水平高且单施化肥的地块易缺钾。此外，早稻前期持续低温阴雨后骤然转为晴热高温，造成土壤中有机肥或绿肥迅速分解，土壤养分迅速还原，常造成大面积缺钾。

4. 缺锌 pH 高的土壤，江河冲积或湖滨、海滨沉积性石灰质土壤，石灰性紫色土壤，玄武岩风化发育的近中性富铁泥土壤，地势低洼常渍水土壤，施用了含高磷的肥料或大量新鲜有机肥而具有强烈还原性的土壤，或受低温影响的土壤均易出现缺锌症。

5. 缺硫 易发生在沙质淋溶型土壤或远离城镇工矿区的地块、大气含硫少的地块，以及近 3～5 年未施含硫的肥料。

6. 缺钙 土壤缺钙的情况较少。

7. 缺镁 质地松的酸性土如丘陵河谷地区、雨水多的热带地区高度风化的土壤中水溶性和交换性镁含量少，易形成缺镁症。

8. 缺铁 主要发生在近乎纯净的沙砾质土壤。含泥极少，近于干沙培，特别是在用含沙量较少的溪水流动灌溉条件下，易造成缺铁。

（三）防治方法

1. 防止缺氮 及时追施速效氮肥，配施适量磷、钾肥，施后中耕田，使肥料融入土壤中。

2. 防止缺磷 浅水追肥，每亩施用过磷酸钙 30 千克混合碳酸氢铵 25～30 千克，随拌随施，施后中耕；浅灌勤灌，反复露田，以提高地温，增强稻根对磷的吸收、代谢能力。待新根发出后，亩追尿素 3～4 千克，促进恢复生长。

3. 防止缺钾 发现缺钾症状时立即排水，亩施草木灰 150 千克，施后立即中耕，或每亩追施氯化钾 7.5 千克，同时配施适量氮肥，并进行间隙灌溉，促进根系生长，提高吸肥力。

4. 防止缺锌 秧田期于插秧前 2～3 天，每亩用 1.5％硫酸锌溶液 30 千克，进行叶面喷施，可促进缓苗，提早分蘖，预防缩苗。始穗期、齐穗期每亩每次用硫酸锌 100 克，兑水 50 千克喷施，可促进抽穗整齐，加速养分运转，有利灌浆结实，提高结实率和千粒重。

5. 防止缺硫 注意施用含硫肥料。如硫铵、硫酸钾、硫黄及石膏等，除硫黄需与肥土堆积转化为硫酸盐后施用外，其他几种，每亩施 5～10 千克即可。

6. 防止缺钙 每亩可施石灰 50～100 千克。

7. 防止缺镁 基施钙镁磷肥 15～20 千克，缺镁严重时及时喷 1‰硫酸镁。

8. 防止缺铁 增施有机肥或培土。

9. 防止缺锰 用 1‰～2‰硫酸锰溶液浸种 24～48 小时，或基施硫酸锰 1.2 千克，与有机肥混用。

10. 防止缺硼 在水稻生长中后期，喷施 0.1‰～0.5‰硼酸溶液或 0.1‰～0.2‰硼砂溶液 2～3 次，每亩用药量 40～50 千克。

十、水稻常用农药知识及使用方法

（一）三环唑

该药对预防水稻稻瘟病有特效，属于预防性杀菌剂，治疗效果较差，一般在病害发生前施用。特别是防治穗颈瘟，一定要在破口初期施用。施用三环唑时，应避免身体直接接触药粉或药液。必须在收割前 21 天施用。施药后 1 小时下雨不会影响药效。该药中毒后无特效解毒药，使用时应谨慎。

（二）稻瘟灵

在水稻稻瘟病发病初期施用该药效果较好。使用该药时田间要有水层并保水，不可与强碱性农药混用。如有误食，可用浓食盐水催吐，解开衣服，将中毒者放在阴凉、空气新鲜的地方休息。不能在养鱼田中施用。防穗瘟时要在收割前 14 天施用。

（三）硫黄·多菌灵

该药是由多菌灵和硫黄组成的复配剂，在水稻稻瘟病发生初期施用效果较好，但不能超量使用，以免产生药害。宜在水稻收割前 20 天施用。不宜长期单一使用此药。

(四) 异稻瘟净

用该药防治稻瘟病时，特别是籼稻品种，如果喷雾不均匀或浓度过高或药量过多，稻苗会产生褐色药害斑。该药不能与碱性农药、高毒有机磷杀虫剂及五氯酚钠等混用。安全间隔期为 20 天。本品易燃，不能接近火源，以免引起火灾。如有误服中毒，可注射阿托品，口服解磷定。

(五) 四氯苯酞

该药用于防治水稻稻瘟病，残效期为 10 天，安全间隔期为 21 天。该药不能与碱性农药混用，对桑蚕有一定的影响，在桑园附近用药时应注意风向。

(六) 敌瘟磷

在水稻分蘖期用该药防治稻瘟病时易产生药害，开花期用药过量对千粒重也有影响，要严格掌握用药剂量。敌瘟磷对人的皮肤和眼睛有刺激作用，施用中要注意安全防护。如眼睛出现红肿，可用维生素 B_2 或氯霉素滴眼液治疗。若不慎中毒，立即吞服 2 片阿托品，并送往医院诊治。

(七) 井冈霉素

该药是防治稻纹枯病的特效药，无毒副作用，具内吸性，耐雨水冲刷，喷药后 2 小时下雨不影响药效，一般用药 2 次可有效防治纹枯病。施药后的 3 天内，应保持稻田水深在 3～6 厘米。在晴天早、晚有露水的时候和风力小于 3 级时喷粉效果更佳。安全间隔期为 14 天。如果与异稻瘟净乳油、三唑酮可湿性粉剂混用防治水稻纹枯病，比单一使用效果更好，并能同时兼治稻瘟病。

(八) 菌核净

于水稻纹枯病病蔸率达到 20％时开始用该药，根据病情间隔

10～15 天再喷 1 次。菌核净能通过食道引起中毒，无特效解毒药。若发生中毒，应将患者送往医院诊治。

(九) 琥胶肥酸铜

使用琥胶肥酸铜防治稻曲病，在水稻破口期施用易发生药害，宜在孕穗中期和孕穗末期各施药 1 次。该药对十字花科作物易产生药害，用时要慎重。叶面喷洒时，稀释倍数不得低于 400 倍，安全间隔期为 5～7 天。

(十) 叶枯净

该药主要用于水稻白叶枯病的防治。水稻在秧苗期和抽穗扬花期对叶枯净敏感，喷药时要掌握好浓度。重复喷药也易产生药害，应注意喷药均匀。安全间隔期为 7～10 天。用药时要注意人身安全，不得抽烟、吃东西，如有中毒应对症治疗，目前尚无特效解毒药。

(十一) 代森铵

用代森铵防治水稻白叶枯病时，如果药液长期附着在皮肤上可残留黑色斑点，对皮肤有刺激性，若皮肤接触到该药应立即用肥皂水洗净。该药对豆科类作物易产生药害。

(十二) 异丙威

主要用于防治飞虱及稻叶蝉等。异丙威不能与除草剂敌稗混用或同时施用，需相隔 10 天以上，以防造成药害。异丙威还易对芋、薯类产生药害，靠近芋、薯类的稻田慎用。

(十三) 杀螟硫磷

该药主要用于防治水稻二化螟、三化螟等害虫。杀螟硫磷对十字花科蔬菜和高粱有药害，使用时应注意。对鱼类有毒，应避免将剩余药液倒入河流、鱼塘，也不要在河流、鱼塘洗涤此药容器。

（十四）速灭威

该药能防治多种水稻害虫。因部分水稻品种对速灭威敏感，所以该药最好在水稻分蘗末期施用。浓度不宜太高，以免叶片发黄变枯。该药对蜜蜂杀伤力大，不宜在水稻花期施用。

（十五）甲萘威

该药能防治水稻多种害虫。瓜类作物对该药敏感，不宜使用。蜜蜂对该药敏感，不宜在水稻花期使用。

十一、水稻中后期病虫草鼠害防治

水稻中后期病虫草鼠害防治：

1. 稻瘟病防治 分蘗盛期对叶瘟病发生田块选用稻瘟灵等进行防治，对叶瘟病发生田块、过头苗田块、种植感病品种田块抽穗初期至齐穗期预防1～2次，农药选用三环唑、苯醚甲环唑等。

2. 稻白叶枯病、细菌性条斑病防治 对已发病的田块选用噻枯唑、菌毒清、农用链霉素等药防治1～2次。

3. 稻曲病防治 水稻始穗期前7天至始穗期喷药，农药选用井冈霉素、多菌灵、三唑酮等。

4. 稻飞虱防治 二至三龄若虫盛发期，对百丛量达1 000头以上田块组织农户统一进行防治，农药选用醚菊酯、吡虫啉等。

5. 稻螟虫防治 结合除草人工摘除虫卵；在水稻抽穗初期至齐穗期再选用杀虫双等药防治1～2次。

6. 草害防治 及时清除田边、沟边杂草，破坏病虫滋生场所，避免深水漫灌，以提高稻株抗病虫能力。

7. 鼠害防治 选用0.05%敌鼠饵剂统一灭鼠。

玉 米 篇

一、玉米栽培术语大全

1. 硬粒型玉米 也称燧石种。籽粒四周和顶部为角质胚乳，中间为粉质胚乳。籽粒有光泽、坚硬。

2. 马齿型玉米 籽粒四周为角质胚乳，中间和顶部为粉质胚乳。籽粒脱水后顶部凹陷，呈马齿状。

3. 半马齿型玉米 是硬粒型和马齿型玉米的中间类型，角质胚乳比硬粒型少，比马齿型多，顶部凹陷程度小。

4. 蜡质型玉米 也叫糯玉米或黏玉米。籽粒表面无光泽，角质和粉质层次不分，胚乳淀粉全部由支链淀粉组成，具有黏性，较适口，是我国普通玉米发生基因突变形成的。

5. 粉质型玉米 也叫软质型玉米。籽粒无角质淀粉，全部由粉质淀粉组成，形状与硬粒型玉米类似。

6. 甜玉米 籽粒几乎全部为角质透明胚乳，含糖量高，品质优良，脱水后皱缩。

7. 爆裂型玉米 籽粒小，坚硬，光滑，顶部尖或圆形。胚乳几乎全部由角质淀粉组成，加热后有爆裂性。

8. 春玉米 指3月至5月上旬播种，秋天收获的玉米。

9. 夏玉米 指5月中旬至6月底播种，秋天收获的玉米。

10. 秋玉米 指立秋前后播种，霜前收获的玉米。

11. 间作玉米 指在同一块地里，同时或前后不久的时间内，与其他作物按一定比例间隔种植的玉米。

12. 套作 指在前一种作物的生长中后期，在其行间种植另一种作物的方法，如小麦行间套种玉米。

13. 生育期 指播种至成熟的天数。

14. 出苗期 发芽出土高约 3 厘米的苗数达 60％ 的时期。

15. 幼苗期 从出苗到开始拔节这段时间，一般以可见叶 5～6 片时的表现为准。

16. 抽雄期 60％ 的植株雄穗尖端露出顶叶的时期。

17. 抽丝期 60％ 的植株雌穗花丝从苞叶抽出的时期。

18. 成熟期 90％ 以上植株苞叶变黄、籽粒硬化，并呈现成熟时固有颜色的时期。

19. 穗位高度 指乳熟期地面到植株最上部果穗着生节的高度。

20. 茎粗 指乳熟期地上第三节间中部的茎秆直径（不带叶鞘）。

21. 主茎叶数 指出苗第一片叶至顶叶主茎上的总叶数。

22. 果穗长度（厘米） 指最上部果穗去除苞叶后包括秃尖的长度。

23. 穗粗（厘米） 指果穗中部的最小直径。

24. 单株有效穗数 单株平均结实的穗数（每穗结实 10 粒以下的不计）。

25. 出籽率（％） 籽粒干重占果穗干重的百分率。

26. 倒伏 玉米抽穗后，因风雨等灾害，主茎倾斜度大于 45° 的植株为倒伏植株，倒伏的株数占全田的 1/3 以下为轻度倒伏，1/3～2/3 为中度倒伏，2/3 以上为重度倒伏。

27. 倒折率（％） 玉米抽雄穗后，果穗以下部位折断的植株占总株数的百分率。

28. 大、小斑病 在抽丝后 15 天到乳熟期，植株叶片上大、小叶斑病病斑的数量、面积及叶片因病枯死情况，按全国统一标准分 0、0.5、1、2、3、4、5 七级，数值越大，病情越严重。0 为全株无病斑；5 为极严重，感染全株，基本枯死。

29. 黑粉病病株率（％） 乳熟期发病株数占总株数的百

分率。

30. 丝黑穗病病株率（％）　成熟期发病株数占总株数的百分率。

31. 双穗率（％）　成熟期有效双穗株占总株数的百分率。

32. 早熟品种　通常指某一地区生育期较短的品种。

33. 晚熟品种　通常指某一地区生育期较长的品种。

34. 中熟品种　通常指某一地区生育期介于早熟、晚熟品种之间的品种。

35. 矮秆品种　受矮生基因控制，植株较矮，茎秆节间短的品种。

36. 双穗品种　单株平均有效穗数 1.6～2.0 的品种。

37. 多穗品种　单株平均有效穗数 2.01 以上的品种，包括单秆多穗和多秆多穗。

38. 多行品种　果穗籽粒行数在 18 行以上的品种。

39. 大粒品种　千粒重在 400 克以上的品种。

40. 抗旱品种　根系吸水力强，茎叶保水力好，或对水分利用经济，在干旱条件下生长较好，减产少的品种。

41. 抗寒品种　在较低温度下，出苗较快且齐，幼苗受害轻，或后期籽粒灌浆较快，籽粒较饱满的品种。

42. 耐雾品种　一种是果穗苞叶长，包得紧，成熟时果穗下垂，耐成熟前后多日雨雾，穗尖不腐烂的品种；另一种是在雨雾多的条件下，病害轻，光合作用较强，不减产或减产少的品种。

二、玉米种子的选购

（一）选择通过审定的品种

选购种子时要看商品种子是否通过品种审定，通过审定的具有品种审定号。最好选择在当地进行了 3 年以上试验示范的品种。

（二）选择与本地熟期相符的品种

必须选择在本地区能够正常成熟的品种。选用积温比当地积温少 100℃、生育期比当地无霜期少 10～15 天的品种。生育期过短，影响产量提高；生育期过长，本地生育时期不够，不能正常成熟，不能充分发挥品种的增产潜力。

（三）选择抗病或耐病品种

病害是玉米生产中的重要灾害，选择抗病品种时一定要优先选择对大、小斑病，丝黑穗病和茎腐病具较强抗性的品种。

（四）选择生产潜力大、适应广的品种

生育期相近的品种产量潜力可能相差很大。要根据品种比较试验的产量结果选择品种，而不应仅凭穗的大小、叶的竖立（紧凑）或平展等性状选择品种。由于气候的不可预测性和多变性，要选择在多点、多地区、多环境下都具有较高产量水平的品种。

（五）选择高抗倒伏的品种

选择抗倒伏的品种非常重要。倒伏虽然与环境及栽培措施有密切的关系，而品种的遗传差别也是影响倒伏的重要原因。

（六）选择高质量的种子

种子质量对产量的影响很大，其影响有时会超过品种间产量的差异。因此生产上不仅要选择好的品种，还要选择高质量的种子。在现阶段，中国衡量种子质量的指标主要包括品种纯度、种子净度、发芽率和水分含量。

国家对玉米种子的纯度、净度、发芽率和水分含量 4 项指标作出了明确规定，一级种子纯度不低于 98％，净度不低于 98％，发芽率不低于 85％，水分含量不高于 13％；二级种子纯度不低于 96％，净度不低于 98％，发芽率不低于 85％，水分含量不高

于13％。我国对玉米杂交种子的检测监督采用了假定质量下限的方法，即达不到规定的二级种子指标的，原则上不能作为种子出售。

三、玉米优良品种的表现

评价一个玉米品种的优劣，不能光看棒子的大小，也不能单纯地看植株的外观美不美观，而是要看它的综合性状。

（一）根系

根系（玉米植株的吸收器官）发达、扎土深、抗倒伏效果好、根系吸收功能强、功能期长是获得丰产的基础。

（二）茎

茎秆无论粗细，要求坚实有弹性。韧性好、硬度强的铁秆品种玉米，抗倒性强，运输养分能力高。另外，基部节间较短也是利于抗倒伏的优良性状。培育抗虫品种是今后的发展趋势。

（三）株高、穗位

株高一般要求在2.5米左右为佳；要求穗位较低，一般在1.2米以下较佳，穗下节间短，植株重心低，抗倒伏性强。穗位整齐，有利于机械化收获。穗上节间长的有利于采光和通风。

（四）叶

一般来说，平展型的叶片较长而宽、厚，紧凑型的上冲而短、窄，后者叶向值、消光系数、群体光合势、光合生产率等生理生化指标更趋合理。目前，叶片较宽、较厚、较长的品种在实际生产中逐渐被叶片窄、薄、较短的品种所替代。叶片正面外翻也是一个好的性状，能提高单位面积的光合效率，从叶片性状角度分析适宜种植密度，但叶片硬度要适中，过硬易兜风，造成倒伏。

（五）雄穗

雄穗不发达但花粉量充足的品种易获高产，不发达的雄穗分枝较少，利于节约植株养分，且减少了遮阳和风阻，有利于穗上叶片制造光合产物。

（六）果穗

1. 果穗大小 黄淮海平原地区，在种植习惯上正由大穗型向中小穗品种转变，中小穗密植型品种丰产性、稳产性强，高肥水条件下易获得更理想的产量，同样在水浇条件差、土地瘠薄的地块，耐密品种比稀植大穗品种实际产量更高。

2. 穗行数 穗行数、行粒数和粒重搭配合理，就能实现合理的单穗粒重。黄淮海地区以 14～16 行为宜。穗行数太少难以获高产，穗行数超过 16 行易出现秃尖，并且多数不耐密。

3. 粒重 粒重是产量因素中非常关键的因素，籽粒大小一样的品种，角质层丰富的品种粒重高、产量高。

4. 出籽率 其他性状一致的情况下，出籽率高，品种产量潜力大。

5. 籽粒品质 ①容重高是品质优良的表现，各种不同用途的专用品种对淀粉含量、各种氨基酸含量、含油率等要求不一样；②感官性：粒色、粒型、淀粉结构，如籽粒橙黄色的角质型品种商品性好。

6. 穗轴颜色 穗轴颜色应以红轴为宜，因为红轴是显性基因，白轴是隐性基因，红轴的表现更有利于其他优势基因的表达，多年来研究表明红轴品种抗倒性一般比较突出。

（七）株型

玉米株型分为平展型和紧凑型和半紧凑型 3 种。理想株型是上紧凑、下平展。穗上叶片要求上冲、直立。抽雄以后的株型要求穗下叶片较为平展，呈斜冲开张型，整个植株呈正三角形。穗上叶片

以旋状上冲分布，形成一圆锥体的株型更好；穗上叶的叶片夹角，穗位上叶在 $20°\sim25°$，往上叶片在 $10°\sim18°$较好。

（八）密度有可塑性

种植密度大的宜选棒穗小的品种，密度小的宜选棒穗大的品种。因为农民的时间效益观念增强，其在田间投入的劳动量和劳动时间在减少，往往不间苗。合理搭配种植密度有利于稳产。

（九）抗病性

玉米主要有弯孢菌叶斑病、大斑病、小斑病、褐斑病、青枯病、瘤黑粉病、穗腐病、锈病、粗缩病等病害。抗以上病害的品种为优良品种。

（十）抗虫性

黄淮海夏玉米种植区主要有蚜虫、玉米螟、红蜘蛛等虫害。

（十一）抗倒性

抗倒性强的品种在密植条件下也能获得丰产、稳产。

（十二）抗逆性

耐涝、抗旱、耐寡照、花粒期雄穗花粉生活力强的为优良品种。

（十三）机收

适宜机收的品种，主要分为收果穗、收籽粒的品种。

四、玉米种植要点须知

（一）温度

（1）在 $5\sim10$ 厘米深的土壤中，温度恒定在 $10\sim12℃$时可以播种；温度在 25～35℃时最适合玉米种子发芽；温度在 18～20℃时最适合苗的生长。

（2）日均温度 18℃时开始拔节，20～23℃时最适合拔节，低于 15℃时拔节停止。

（3）日均温度 26～27℃时玉米开始开花，高于 38℃和低于 18℃时会出现雌雄开花不协调现象，造成秃尖和缺粒。

（4）灌浆期要求温度保持在 20～24℃，温度低于 16℃时不利于灌浆，温度高于 25℃时会出现高温逼熟，导致千粒重降低而减产。

（5）土温 20～24℃时最适合根的生长，低于 4.5℃或超过 35℃根停止生长或生长缓慢。

东北玉米播种期一般在 4 月末到 5 月初。玉米播种以后，只有在 10 厘米地温稳定通过 12℃时，才会达到 7 天发芽的效果，如果地温达不到这个温度，玉米种子在土壤里的时间过长，就会影响发芽率，而且勉强发芽的种子也会形成弱苗。因此提醒广大农民，春播玉米一定要根据气温变化，适时掌握播种时间。

（二）播种时间

不可播种过早，播种过早，不但产量偏低，而且病虫害发生相当严重。比如粗缩病、红蜘蛛以及大斑病、小斑病等。播期过早的玉米在授粉和灌浆时易遇高温和多雨的季节，极易造成秃尖或缺粒。

玉米品种不仅要选择适应当地气候的优良品种，还要选择抗倒伏、抗逆性等综合特性指数较高的优良品种。

（三）玉米生长周期

玉米种子播下后，第一天即可发现吸胀现象，胚部发芽；1 周后，小芽便可破土而出；在太阳光的照射下嫩黄的小芽逐渐变成绿色；27 天左右，小苗逐渐长大，并且开始拔节；52 天的时候，开始抽出玉米花丝，同时顶部出现雄花粉；90～100 天时，雌雄受精

后的玉米棒越长越大,玉米花丝慢慢干枯或脱落。

玉米属短日照作物。在8~12小时光照条件下可促进玉米生长发育,在12~14小时光照条件下可抑制其生长。雌穗在蓝、紫、白光照射下发育快,在红、橙光照射下发育迟缓。雄穗在绿光中表现为极度发育迟缓。

(四)水分

抽穗前后15天是玉米的水分临界期,需水最多。苗期是玉米整个生育期中最抗旱的时期。

玉米的需水规律:苗期需水较少,占整个生育期的18%~19%;穗期需水较多,占整个生育期的37%~38%;花粒期需水最多,占整个生育期的43%~44%。

(五)养分

收获100千克玉米籽粒整个生育期需要的主要营养元素氮、磷、钾分别约为2.0千克、1.1千克、2.4千克。在禾本科植物中,玉米对锌肥的需求量最大。

(六)玉米养分临界期

玉米磷素养分临界期在3叶期,一般是种子营养转向土壤营养的时期;玉米氮素临界期则比磷稍后,通常在营养生长转向生殖生长的时期。临界期对养分需求并不大,但养分要全面,比例要适宜。这个时期营养元素过多或过少对玉米生长发育都将产生严重影响,而且以后无论怎样补充缺乏的营养元素都无济于事。

(七)玉米养分最大效率期

玉米最大效率期在大喇叭口期。这是玉米养分吸收最快、最多的时期。这期间玉米需要养分的绝对数量和相对数量都最大,吸收速度也最快,肥效发挥的作用最大。若此时肥料施用量适宜,玉米增产效果最明显。

五、玉米种子播前处理技术

(一) 精选种子

玉米种植密度太大，容易出现大小株现象和三类苗（病苗、弱苗、小苗）。按种子大小分级选种，做到匀籽下地，是解决大小苗、消灭三类苗的关键。

(二) 晒种

播种前选择晴天晒种 2～3 天。可以杀死种子表面的部分细菌，减轻玉米病害，增强种子的活力，提高发芽势和发芽率，提早出苗1～2 天。

(三) 种子包衣

种子包衣可防治苗期地下害虫、玉米丝黑穗病及鼠害。使用方法：种衣剂与种子按重量比为 1∶50 进行拌种，将种子堆放在塑料薄膜上，边倒种衣剂，边用锹翻拌，充分拌匀稍晾半小时后，装入袋中备用，拌完后用肥皂水洗净脸和手，剩下的种子以防误食要及时收起来，装过种子的袋子等物品也要及时处理掉。

(四) 注意事项

药剂要拌均匀，否则影响种子的发芽率；因药品遇光分解，应背光操作；阴干后播种，以防影响播种质量。

六、玉米苗后地下害虫防治

一般常见的危害玉米的地下害虫主要是金针虫、地老虎、蝼蛄、蛴螬等，这些害虫主要以幼虫取食玉米的种子、根、幼苗等部位，造成玉米缺苗、死苗。虫量多对玉米产量造成影响，虫害严重

时甚至造成玉米减产。

(一) 金针虫

一般在 8～9 月化蛹，9 月羽化为成虫，即在土中越冬，翌年3～4 月出土活动。金针虫的活动，与土壤温度、湿度、寄主植物的生育时期等密切相关。其危害的时间与春玉米的播种至幼苗期相吻合。

(二) 地老虎

三龄前的幼虫多在土表或植株上活动，昼夜取食叶片、心叶、嫩头、幼芽等部位，食量较小。三龄后分散入土，白天潜伏土中，夜间活动危害，常将玉米幼苗齐地面处咬断，造成缺苗断垄。

(三) 蝼蛄

都在地下生活，咬食新播的种子，咬食玉米根部，对玉米幼苗伤害极大，是重要的地下害虫。通常栖息于地下，夜间和清晨在地表下活动。

(四) 蛴螬

蛴螬是金龟甲的幼虫，喜欢咬食刚播种的种子、根、块茎以及幼苗，是世界性的地下害虫，产在松软湿润的土壤内，以水浇地最多。

(五) 防治方法

1. 土壤处理 可用辛硫磷乳油拌细沙或细土，然后撒在垄沟内，随即覆土。

2. 药剂灌根 灌根有 2 种，一是在浇水的时候，将辛硫磷随水冲施，流入到田地里；二是用喷雾器，加水兑药后，对着玉米根喷施（两种办法，根据自己的情况，进行适宜选择）。

3. 喷施药剂 可用适合的药剂兑水进行喷雾，均匀喷施即可。

4. 毒饵诱杀　将麦麸、豆饼等饵料拌上辛硫磷等杀虫剂，在傍晚撒在幼苗根际附近诱杀。

七、玉米田常用的除草剂药剂特性

（一）乙草胺、甲草胺、异丙草胺、异丙甲草胺

这些除草剂属于选择性芽前土壤处理剂。禾本科杂草主要通过幼芽吸收该类农药；阔叶杂草主要通过根吸收该类农药，其次是幼芽，药剂被植物吸收后可在植株体内传导。当药剂进入植物体后抑制幼芽与幼根的生长，刺激根产生瘤状畸形，致使杂草死亡。玉米播后出苗前施药，可防除一年生禾本科杂草，如马唐、稗、狗尾草、早熟禾、看麦娘、画眉草、牛筋草、臂形草等，对野苋、藜、鸭跖草、马齿苋也有一定的效果，对多年生杂草无效。

注意事项：在杂草出土前用药，对已出土杂草无效。有机质含量低的沙质土用药量选低限，反之用高限。

（二）二甲戊灵

二甲戊灵又名除草通、施田补，剂型有33％乳油。是一种选择性芽前土壤处理除草剂，主要用于防除一年生禾本科杂草和阔叶杂草。每亩用33％二甲戊灵乳油133～200毫升。本药剂对成株杂草无效。土壤湿润是药效发挥的关键。

（三）莠去津

莠去津又名阿特拉津，剂型有50％、80％可湿性粉剂，38％、40％水悬浮剂，4％、8％、20％颗粒剂等。该药剂是一种选择性芽前、芽后除草剂。防除一年生阔叶杂草和禾本科杂草，防除阔叶杂草好于禾本科杂草，对多年生杂草也有一定的抑制作用。在杂草萌芽前或萌芽后1～3叶期，每亩用38％莠去津水悬浮剂200～250毫升。该药剂特效期长，生产上一般与其他除草剂混用以减少用

量，从而减少药害产生。

注意事项：残效期长，对一些后茬作物常会发生药害，除东北可以单用此药剂外，其他地区一般混配使用。

（四）氰草津

氰草津又名草净津、百得斯，剂型有80%可湿性粉剂，43%、40%悬浮剂。氰草津是一种选择性内吸传导型除草剂，主要被根吸收，也能被叶部吸收，通过抑制光合作用，使杂草枯萎死亡。

注意事项：玉米5叶期敏感，不能使用；土壤处理，施药后下雨易发生药害。

（五）烟嘧磺隆

该药剂属茎叶处理剂，用于玉米田防除多种杂草。适于玉米苗后3～5叶期，一年生杂草2～4叶期施药。防除马唐、牛筋草、狗尾草、野高粱、野藜、反枝苋、藜、莎草科杂草等。在低剂量下对马齿苋、龙葵、田旋花、苣荬菜等有较好的抑制作用，对铁苋菜抑制作用较强，但防除作用差。

注意事项：郑单958、登海系列、豫字系列玉米品种6～7叶期以后，对该药敏感，施用后会使叶片出现黄色、白色斑块，遇干旱、高温药害加重。甜玉米或爆裂玉米对该药敏感，勿用。用有机磷药剂处理过的玉米对该药敏感。

（六）硝磺草酮

该药剂是一种能够抑制羟苯基丙酮酸双氧化酶（HPPD）的芽前和苗后光谱选择性除草剂。硝磺草酮容易在植物木质部和韧皮部传导，具有触杀作用和持效性。玉米苗后3～5叶期，一年生杂草2～4叶期施药。对玉米一年生阔叶杂草和部分禾本科杂草如苘麻、苋菜、藜、蓼、稗、马唐等有较好的防治效果。每公顷用药量为105～150克（有效成分）（折成100克/升硝磺草酮悬浮剂商品量为70～100毫升/亩）。

注意事项：爆裂玉米和观赏玉米对该药敏感，勿用。该药对马齿苋、铁苋菜、野西瓜苗、萹蓄、打碗花、半夏、刺儿菜和狗尾草等一些禾本科杂草防治效果差，前期白化，后期仍能返青继续生长。

（七）2甲4氯

播种后3～5天，在出苗前用药剂兑适量水均匀喷施土表和出土杂草。茎叶喷雾对玉米有药害，多与其他药剂混配使用，且需严格控制使用剂量。玉米苗后3～4叶期，一年生杂草2～5叶期施药。防除一年生双叶子杂草，如反枝苋、铁苋菜、苘麻、藜、鸭跖草、打碗花等。

注意事项：茎叶喷雾对玉米有药害，应严格控制使用剂量。棉花、大豆、向日葵及瓜类等双叶子作物对该药剂十分敏感。喷雾时一定在无风或者微风天气进行，切勿喷到或飘移到敏感作物中去，以免发生药害，不能在套作对该药剂敏感的作物田中使用。不建议在夏玉米田使用。喷雾器最好单用，以免喷其他农药出现药害。

（八）辛酰溴苯腈

该药剂为选择性苗后茎叶处理触杀型除草剂。主要被叶片吸收，在植物体内进行极有限的传导，通过抑制光合作用的各个过程，包括抑制光合磷酸化反应和电子传递，特别是光合作用的希尔反应，使植物组织迅速坏死，从而达到杀草目的，气温较高时加速叶片枯死。玉米苗后3～4叶期，一年生杂草2～5叶期施药。防除一年生双子叶杂草，如铁苋菜、打碗花、苘麻、蓼、藜、苋、龙葵、苍耳、田旋花等多种阔叶杂草。对马齿苋防除效果差。

注意事项：勿在高温天气或气温低于8℃或在近期内有严重霜冻的情况下用药；应注意关注天气预报，施药后需6小时内无雨；不宜与碱性农药混用，不能与肥料混用。

（九）氯氟吡氧乙酸

该药剂为有机杂环类选择性内吸传导型苗后除草剂。施药后很快被植物吸收，使敏感植物出现典型激素类除草剂的反应，植株畸形、扭曲，最终枯死。玉米苗后 3～4 叶期，一年生杂草 2～5 叶期施药。可防除猪殃殃、卷茎蓼、马齿苋、龙葵、繁缕、巢菜、田旋花、鼬瓣花、酸模叶蓼、柳叶刺蓼、反枝苋、鸭跖草、香薷、遏蓝菜、野豌豆、播娘蒿等各种阔叶杂草，对禾本科和莎草科杂草无效。

八、玉米苗后除草剂

（一）玉米苗后除草剂介绍

玉米苗后除草剂主要单剂见表 1。

表 1　玉米苗后除草剂单剂介绍

除草剂	每亩有效用量（克）	特　点	备　注
嗪草酮	35～50	属三嗪酮类，见效快，施药后 2～3 天杂草死亡。降解速度快，半衰期仅 53 小时。防除对象主要是一年生阔叶杂草，如藜、蓼、反枝苋、苦荬菜、刺儿菜、苍耳等	在苗前使用嗪草酮限制在有机质含量在 2％以上的土壤使用，用药量不足时，杂草易反弹；苗后限制用量，仅可作为混配药剂使用；对阔叶杂草的防除效果不及莠去津
麦草畏	14.4	内吸性、激素类除草剂，对阔叶杂草有显著防效。用于苗后喷雾，药剂能很快被杂草吸收，集中在分生组织及代谢活动旺盛的部位，阻碍植物激素的正常活动而使其死亡。禾本科植物表现较强的抗药性	麦草畏仅对阔叶杂草有效，建议与烟嘧磺隆混用能够扩大杀草谱，但防治成本较高

（续）

除草剂	每亩有效用量（克）	特　点	备　注
烟嘧磺隆	2.5～4	适用于玉米，包括马齿型、半马齿型、硬粒型。主要防除一年生禾本科杂草和若干阔叶杂草，是目前磺酰脲类除草剂中唯一对禾本科杂草具有高效防除作用的除草剂。优点有杀草谱广，效果好而稳定，杀草除根，对土壤、气候要求不严，施药期较长，对已知玉米品种安全	不同玉米品种对药剂的敏感性有差异，其安全性顺序为马齿型＞硬质型＞爆裂型＞甜玉米。一般玉米3叶期以前及5叶期以后对该药敏感。甜玉米或爆裂玉米制种田、自交系对该药敏感，勿用
砜嘧磺隆	1.2～1.6	玉米苗后3～5叶期，一年生杂草2～5叶期施药。用于防除玉米地中一年生或多年生禾本科及阔叶杂草，性能特点基本同烟嘧磺隆，活性更高，用量少，除草效果好，但对香附子的防除效果比烟嘧磺隆差。在东北地区气温较低时还可以使用，但在夏玉米产区药害较重，不宜使用	产生药害的概率和严重程度均高于烟嘧磺隆，易导致玉米分蘖增加，对其使用技术要求更严格。喷药时遇高温会产生药害，所以夏玉米田推荐玉米行间定向喷施。该药剂多与莠去津复配应用，防治成本较高
噻吩磺隆	0.75～1.1	其作为复配成分，可提高对阔叶杂草的防除效果。对多年生阔叶杂草如苣荬菜、刺儿菜也有一定的防效	多年前就开始推广应用，但杀草谱、除草效果、安全性等方面的表现不是很理想

（续）

除草剂	每亩有效用量（克）	特　点	备注
辛酰溴苯腈	25～37	玉米苗后 3～4 叶期，一年生杂草 2～5 叶期施药。防除一年生双子叶杂草，如铁苋菜、打碗花、苘麻、蓼、藜、苋、龙葵、苍耳、田旋花等多种阔叶杂草，对马齿苋防除效果差。该药剂的复配剂在东北地区使用较多，主要是为了提高对阔叶草的防效，对鸭跖草有特效	应用技术比较严格，如用药量、用药适期不当，易产生药害。在玉米 3～6 叶期使用安全，如遇高温（30℃）、高湿天气，安全性和除草效果降低
氯氟吡氧乙酸	8～12	内吸性好，选择性强，防除效果显著，对玉米安全，针对靶标是多年生阔叶杂草田旋花、水花生。对玉米安全性较高，单剂使用很难推广，建议与烟嘧磺隆混用，能够扩大杀草谱和提高药效	温度对其除草的最终效果无影响，但影响其药效发挥的速度。一般在温度低时药效发挥较慢，可使植物中毒后停止生长，但不立即死亡；气温升高后植物很快死亡
灭草松	72～96	内吸性强，对下茬无残留，防除阔叶杂草、香附子，防效较好，对玉米安全	对杂草杀根不彻底。还未在玉米上大量推广使用，在价格能够承受的基础上有一定的推广潜力
唑草酮	1.35～2	对玉米品种安全，对阔叶杂草有较好的防除效果，除草速度快。对长期使用磺脲类除草剂产生抗药性的杂草具有优异的防除效果，对后茬作物安全。在玉米田作为苗后除草剂与烟嘧磺隆混用能够扩大杀草谱，增强除草效果	对杂草杀根不彻底。在玉米上还未大量推广使用。在玉米上使用，气温高时容易产生药害，对玉米的生长有一定影响。施药时必须在晴天 8：00 以前，16：00 以后，气温不要超过30℃

（续）

除草剂	每亩有效用量（克）	特　点	备　注
唑嘧磺草胺	1.3～2.6	适于玉米田防治一年生及多年生阔叶杂草如问荆、荠菜、小花糖芥、独行菜、播娘蒿、蓼、婆婆纳、苍耳、龙葵、反枝苋、藜、猪殃殃、曼陀罗等。对幼龄禾本科杂草也有一定的抑制作用。干旱及低温条件下仍能保持较好防效	后茬作物不宜种植油菜、萝卜、甜菜等十字花科蔬菜及其他阔叶蔬菜
硝磺草酮	6.67～15（苗前）4.6～10（苗后）	用于防除玉米田阔叶杂草及部分禾本科杂草的三酮类除草剂。其优点：除草速度较快，玉米品种对其不敏感，对大多数阔叶杂草有较好的防效	爆裂玉米和观赏玉米对该药敏感，勿用。该药对马齿苋、铁苋菜、野西瓜苗、萹蓄、打碗花、半夏、刺儿菜和狗尾草等禾本科杂草防治效果较差。对4～6叶期后的大龄杂草防除效果差，会出现返青现象。对香附子防除效果差，前期白化，后期仍返青继续生长。可使玉米叶片产生少量褪绿现象，对杂草杀根不彻底
苯唑草酮	1.65～3.3	玉米苗后2～4叶期，一年生杂草2～5叶期施药。可有效防除一年生单、双子叶杂草。对玉米安全性好。与莠去津有很好的配伍活性，加入莠去津可提高对大草及鸭跖草等的除草活性，且见效更快	尽量二次稀释后使用，避免与有机磷类农药混用，间隔7天以上用药。对香附子防除效果差，只有抑制作用

玉米苗后除草剂混用配比见表2。

表2 玉米常用苗后除草剂混用配比

组分	常用配比	防治对象
烟嘧磺隆＋莠去津	1：12	一年生杂草
烟嘧磺隆＋辛酰溴苯腈	1：4	一年生杂草
烟嘧磺隆＋异丙草胺＋莠去津	1：10：15	一年生杂草
烟嘧磺隆＋硝磺草酮＋莠去津	1：2：10	一年生杂草
硝磺草酮＋莠去津	1：10	一年生杂草
	3.3：16.7	一年生杂草
	2.3：22.7	一年生杂草
硝磺草酮＋异丙草胺＋莠去津	3.5：15：15	一年生杂草
硝磺草酮＋（精）异丙甲草胺＋莠去津	3：24.7：10.8	一年生杂草

（二）玉米苗后除草剂主要混剂配方介绍

1. 烟莠混剂 烟嘧磺隆与莠去津按一定比例施用，两者单位面积用量的比例为1：12时效果最佳，玉米呈最安全状态。当莠去津与烟嘧磺隆的用量比小于6：1时，玉米不能完全克服烟嘧磺隆的药害。

市场上该产品混剂较多，比如3％烟嘧磺隆＋17％～20％莠去津，规格100克左右，该配方降低了烟嘧磺隆用量，安全系数相对提高，对阔叶杂草防效提升很大，同时成本也较低。2％烟嘧磺隆＋20％莠去津的配比效果也比较好，制剂用量180～200克/亩，杀草效果较好，也有一定封闭功能。南方山区一般使用4％烟嘧磺隆＋48％莠去津袋装粉剂较多，制剂用量90克/亩，解决了山区气温低、墒情差、杂草返青的情况，同时有一定的封闭功能，对玉米安全系数高。

目前大部分地区对该混剂不敏感的阔叶杂草如苘麻、马齿苋等在玉米田杂草中所占比例不大，所以烟嘧磺隆＋莠去津在市场上评价效果不错。其功能定位在玉米苗后除小草兼具一定封闭功能。

烟莠混剂作用特点：

（1）玉米播后芽前或苗后早期茎叶处理兼土壤封闭处理，有效防治多种一年生禾本科杂草和阔叶杂草，对香附子和多年生禾本科杂草防除效果突出。

（2）杀草、封闭、耐旱、耐麦茬，一次施药一季无草害。防治对象：可以防除玉米田中的一年生和多年生禾本科杂草、一年生阔叶杂草。对马唐、稗、画眉草、香附子、小藜、反枝苋、铁苋防除效果突出（90％以上）；对苍耳、龙葵、鸭跖草、青葙、狗牙根、狗尾草、牛筋草、马齿苋防除效果一般（70％～90％）；对牵牛花、白茅、芦苇防除效果较差（50％～70％）；对田旋花、香附子等多年生杂草防除效果甚差（50％以下）或无效。

2. 烟嘧磺隆＋2甲4氯　与烟嘧磺隆混用一般用56％2甲4氯50克就能保证较好的效果，烟嘧磺隆＋2甲4氯对常规玉米田中的恶性杂草如香附子、田旋花、芦苇、异型莎草等比较多的田块有优势，对其他阔叶杂草防效也很突出。此外对小麦自生麦苗、落粒高粱也有很好的防效。使用时受麦茬高度、土壤湿润情况、土壤结构及耕种条件影响小，对后茬安全、无残留。

但是应注意若将激素类除草剂（如2甲4氯、2,4-滴、氯氟吡氧乙酸、麦草畏、二氯吡啶酸等）用于玉米田，在玉米早期施药或者过晚施药药害比较严重，一般4叶之前的幼苗期不能用，拔节之后不能用。若4叶前施用易导致分生组织脆弱，玉米容易倒伏。拔节后施用会导致玉米等气生根畸形，影响稳定性，严重的导致无法抽雄。

3. 烟嘧磺隆＋异丙草胺·莠去津/乙草胺·莠去津/丁草胺·莠去津　该配方为真正具有茎叶处理和封闭双重作用的配方，比如2％烟嘧磺隆＋40％异丙草胺·莠去津，施用量为200克/亩，但比较容易出现药害，特别是烟嘧磺隆＋乙草胺·莠去津的配方。最安全的是烟嘧磺隆＋丁草胺·莠去津的配方，其次是烟嘧磺隆＋异丙草胺·莠去津，异丙草胺对玉米的药害也相对较重，国内较好的配比为 2％烟嘧磺隆＋10％丁草胺＋20％莠去津，施用量 150 克/亩。2％～2.5％烟嘧磺隆＋20％异丙草胺＋30％莠去津，施用量 150 克/亩。三者混配对马唐、反枝苋具有增效作用。

其功能定位在苗后禾本科杂草、阔叶杂草双除，同时具有优秀的封闭效果。此配方可以有效防除刺儿菜、苣荬菜、稗、狗尾草、牛筋草、苋、藜等恶性杂草。

烟嘧磺隆·丁草胺·莠去津：有关配方筛选报告表明，三者混配，丁草胺：莠去津：烟嘧磺隆＝（10～20）∶（10～20）∶（1～2）对阔叶杂草有部分增效作用，对禾本科杂草有相加作用，可降低 3 种有效成分的用量。对玉米安全，生长无影响。田间试验表明，在玉米 3～5 叶期，杂草 2～4 叶期进行均匀茎叶喷雾，对稗、狗尾草、藜、龙葵等一年生杂草有较好防除效果。

4. 烟嘧磺隆＋硝磺草酮＋莠去津　登记含量为 1％～3％烟嘧磺隆＋3％～7％硝磺草酮＋16％～20％莠去津，以达到禾本科杂草、阔叶杂草双除的目的，三者混用具有扩大杀草谱、减小单剂用量，提高对作物的安全性等特点。最佳配比的确定受供试杂草种类影响较大。此配方特点为：

（1）玉米播后芽前或苗后早期茎叶处理兼土壤封闭处理，有效防治多种一年生禾本科杂草和阔叶杂草，对香附子和多年生禾本科杂草防除效果突出。

（2）杀草速度快、死草彻底不反弹、耐低温、抗干旱，可代替所有玉米苗后除草剂，是最理想的一次性除草剂，省时、省工、省成本。

（3）三个作用靶标，杂草不易产生抗性。

防治对象：可以防除玉米田中一年生和多年生禾本科杂草、一年生阔叶杂草。对狗尾草、野黍、鸭跖草等恶性杂草有特效，解决了硝磺草酮·莠去津对狗尾草等杂草防效差的问题。对马唐、稗、画眉草、香附子、小藜、苘麻、反枝苋、铁苋、醴肠、苦蘵防除效果突出（90％以上）；对苍耳、龙葵、鸭跖草、青葙、狗牙根、马齿苋、狗尾草、牛筋草防除效果一般（70％～90％）；对牵牛花、白茅、芦苇防除效果较差（50％～70％）；对水花生、田旋花、小蓟等多年生杂草防除效果甚差（50％以下）或无效。

5. 硝磺草酮＋莠去津　配方：50％莠去津＋5％硝磺草酮，100克/亩。国内比较好的配方是16.7％莠去津＋3.3％硝磺草酮，260克/亩；22.7％莠去津＋2.3％硝磺草酮，250～300克/亩。加入莠去津的目的是减少禾本科杂草的返青，扩大杀草谱。

这三个配方对部分禾本科杂草仍然防效一般，特别是对狗尾草等。使用的要点是早打药，同时根据杂草生长情况用药，如田地主要杂草为马唐、牛筋草、狗尾草果断选择烟嘧磺隆类产品，提高防治效果。

6. 硝磺草酮＋（精）异丙甲草胺/异丙草胺/乙草胺/丁草胺＋莠去津　安全性：硝磺草酮·乙草胺·莠去津＜硝磺草酮·异丙草胺·莠去津＜硝磺草酮·丁草胺·莠去津＜硝磺草酮·（精）异丙甲草胺·莠去津，除草效果优次排序与此相反。

硝磺草酮·异丙草胺·莠去津比较好的配方为3.5％硝磺草酮＋15％异丙草胺＋15％莠去津，200克/亩。该配方为真正具有茎叶处理和封闭双重作用的配方，其功能定位在苗后防除大龄阔叶杂草，防除恶性阔叶杂草效果突出，兼除部分禾本科杂草，同时具有优秀的封闭效果。对于杂交玉米、甜玉米、糯玉米、爆裂玉米安全性较高。此配方对苘麻、苋菜、藜、蓼、马唐、稗、莎草、看麦娘及十字花科、豆科杂草等效果显著。

7. 含有氯氟吡氧乙酸的配方　如3％烟嘧磺隆＋5％氯氟吡氧乙酸＋20％莠去津，120毫升/亩。局部地区水花生、田旋花相对较多，如川南、重庆地区，此配方在这类地区使用较普遍。可以防除一年生禾本科杂草和阔叶杂草，对恶性阔叶杂草效果也较好。

但是应注意氯氟吡氧乙酸用于玉米田的用药时期，过早或过晚施药都会产生严重药害，一般是4叶之前的幼苗期不能用，拔节之后不能用。此外还有硝磺草酮·莠去津＋氯氟吡氧乙酸1∶1

的配方，此配方对禾本科杂草防除效果一般，尤其是狗尾草、超过4叶期的马唐和牛筋草。受气温影响较大，气温低见效速度明显放慢。主要定位在苗后防除大部分阔叶杂草，尤其是在水花生、田旋花较多的地块，兼除部分小龄的禾本科杂草，有一定封闭效果。

8. 烟嘧磺隆＋麦草畏 麦草畏对杂草的作用性质与2甲4氯等相似。能防除猪殃殃、大巢菜、苍耳、刺儿菜、问荆、田旋花、醴肠等。目前登记配方为30％麦草畏＋10％烟嘧磺隆，150～210克/公顷。此配方侧重防除恶性阔叶杂草刺儿菜、田旋花、苍耳等，在东北地区具有一定优势。目前推广面临的主要问题是售价较高。

9. 烟嘧磺隆＋辛酰溴苯腈 常用配方为4％烟嘧磺隆＋16％辛酰溴苯腈。两者适当比例混配后可扩大杀草谱，对禾本科杂草和阔叶杂草均具有较好的防效，对稗草具有相加作用。注意：勿在高温天气、预计6小时内会降雨的天气或气温低于8℃或接近严重霜冻的情况下使用。

10. 烟嘧磺隆＋嗪草酮 嗪草酮与烟嘧磺隆配比在（1.25～5）：1比较好。嗪草酮与烟嘧磺隆混用对稗草略有防除增效作用，对马唐、反枝苋、苘麻有相加作用。两者混用在生产上可优势互补。

以上配方中，其实常用的也就几个，如烟嘧磺隆＋莠去津、硝磺草酮＋莠去津、烟嘧磺隆＋硝磺草酮＋莠去津。基本上目前市面上主流的产品是以这三个配方的复配为主。

九、玉米苗后除草剂使用注意事项

（一）喷药时间

由于玉米苗后除草剂喷施后需要2～6小时的吸收过程，在这过程中，药效发挥程度与气温和空气湿度关系十分密切。在气温高，干旱的上午、中午或下午喷药，由于温度高，光照强，药液挥发快，喷药后一会儿药液中的水分就会蒸发，使除草剂进入杂草体内的量受到限制，吸收量明显不足，从而影响了除草效果；同时在高温、干旱时喷药，玉米苗也易发生药害。最佳喷药时间是18：00以后，因为这时喷药，施药后温度较低，湿度较大，药液中的水分在杂草叶面上停留的时间较长，杂草能充分地吸收除草剂成分，保证了除草效果，傍晚用药也可显著提高玉米苗的安全性，不易发生药害。

（二）配药

配药时要遵循二次稀释，不要将水与药直接混合的原则。

特别是粉剂型药剂，二次稀释需在选好一定水量的前提下，先将少量的水与药均匀混合，再将剩余的水加入，搅拌均匀后喷施。避免因水、药混合不均匀，出现有些喷药的地方杂草死亡，有些喷药的地方杂草继续生长的"花脸地"除草效果。

（三）喷药方法

亩用药量兑水 15～30 千克，见草喷药，喷仔细，技术要熟练，省药、省时效果好。

（四）视草龄用药

在施用玉米苗后除草剂时，好多农民有认识误区，认为杂草龄越小，抗性越小，草越易杀死。其实不然，草太小，没有着药面积，除草效果也不理想。最佳的草龄是 2 叶 1 心至 4 叶 1 心期，这时杂草有了一定的着药面积，杂草抗性也不强，除草效果显著。

（五）视玉米苗龄用药

玉米苗后除草剂最佳的喷药时间是 2～5 叶期，此时玉米抗性高，不易出现药害。5 叶前可以在整个田间喷雾，6 叶后喷药要放低喷头，避开玉米心叶，防止药液灌心引起药害（主要是针对不加安全剂的烟嘧磺隆，加了安全剂的烟嘧磺隆还可以

全田喷雾)。

(六) 对除草剂敏感的玉米品种

现在玉米苗后除草剂大多是烟嘧磺隆成分，一些玉米品种对本成分敏感，易发生药害，所以，种植甜玉米、糯玉米等类型的玉米田不能喷施，防止药害产生。对于新的玉米品种，请先试验后再推广。

(七) 农药混用问题

喷苗后除草剂的前后 7 天，严禁喷施有机磷类杀虫剂，否则易发生药害。但可与菊酯类和氨基甲酸酯类杀虫剂混喷，喷药时要注意尽量避开心叶，以防药液灌心。但是喷药时也不要和苗后除草剂混喷，需要分开喷，在前边喷苗后除草剂，后边紧跟着用吡虫啉或啶虫脒喷心叶。

(八) 杂草的抗逆性

由于近年来，杂草自身的抗逆能力得到加强，为了防止体内的水分过量蒸发，杂草生长得并不那么水灵、粗壮，而是生长得灰白、矮小，实际草龄并不小（即所谓的"小老头"）。这些杂草大都全身布满白色的小茸毛，以减少水分蒸发。这样喷施农药时，药液被这些小茸毛顶在杂草茎叶表面之上，杂草本身吸收得很少，自然就影响药效的发挥，所以高温、干旱时施药，应该适当加大喷施的药液量，以不影响药效的发挥。

十、玉米除草剂药害症状识别及预防措施

随着除草剂应用比例的增加，玉米除草剂药害发生非常普遍。除草剂药害对玉米生产造成较严重危害，轻则影响玉米正常生长，重则造成严重减产。

除草剂药害种类：除草剂残留药害、当年使用除草剂药害、除

草剂飘移药害。

（一）除草剂残留药害

前茬用过咪唑乙烟酸、过量使用氟磺胺草醚、异噁草酮的地块，第二年种玉米会产生严重药害，特别是白浆土、有机质含量低于 4％的沙质土和壤质土药害更加严重。以上药剂药害症状多表现为茎基部膨大，叶片和心叶萎蔫，玉米播种到苗后早期在低温高湿条件下，药害症状尤为明显。所以在以上土壤类型地区前茬用过上述除草剂的地块，不能种植玉米。有机质含量 4％以上的黑土地区前茬每公顷用 25％氟磺胺草醚超过 1.5 升对玉米就会产生药害；每公顷超过 1.0 升原则上已不能再种植玉米。氟磺胺草醚残留药害的症状为玉米出苗后生长缓慢，茎叶扭曲、卷缩，叶片失绿，变黄褐色，严重的造成死苗。前茬异噁草酮用量较大的地块，种植玉米也会出现药害，症状为玉米苗白化。药害轻的可以恢复，药害严重的会造成死苗。

（二）当年使用除草剂药害

乙草胺：一是在玉米播种较浅、有机质含量低的沙质土壤上使用，如在使用后至药效持效期内持续低温、多雨易产生药害。二是不同玉米品种对乙草胺的抗药性差异较大，如甜玉米、爆裂玉米等对乙草胺较普通玉米敏感，易产生药害。三是药剂使用量过高易产生药害。乙草胺药害较典型症状为根与幼芽生长受到抑制，造成幼苗矮化、畸形，叶鞘不能正常抱茎等。

嗪草酮类：在有机质含量低于 2％的沙质土壤用药或用药后至出苗早期多雨、土壤水分过大或用药量过高的情况下易发生药害。药害典型症状为玉米出苗见光后叶片失绿、枯黄而逐渐死亡。

莠去津：叶片叶绿素受到破坏，老叶片上出现白斑并干枯，严重的整个植株呈现白色（图1和图2）。

图 1　莠去津药害症状

图 2　莠去津药害全田症状

烟嘧磺隆：施药 3～4 天后表现心叶变黄、失绿，严重时其他叶片依次变黄（图 3）。

图 3　烟嘧磺隆药害症状

(三) 除草剂飘移药害

用于豆类、经济作物苗后防除禾本科杂草的除草剂：烯禾啶、精喹禾灵、精吡氟禾草灵、烯草酮等喷药地块若距离玉米田较近，在喷药作业时易对玉米造成飘移药害。

(四) 玉米药害的防治

1. 预防药害的发生 防止残留药害发生最有效的方法就是不在前茬使用过咪唑乙烟酸和过量使用氟磺胺草醚、异噁草酮的地块种植玉米。预防当年使用除草剂药害主要应谨慎选择并正确使用嗪草酮、烟嘧磺隆等除草剂。

(1) 不可在有机质含量低于 29% 的沙质土壤和春季低温、多雨年份的玉米播后苗前土壤处理时使用嗪草酮类、2,4 - 滴类除草剂。

(2) 烟嘧磺隆不能用于对烟嘧磺隆敏感的品种，如黏玉米、甜玉米、爆裂型玉米种类，少数玉米杂交种也比较敏感，不同种类的玉米对烟嘧磺隆的安全性顺序为马齿型玉米＞硬粒型玉米＞爆裂型玉米＞甜玉米。

(3) 烟嘧磺隆在以下情况容易出现药害，应特别注意。①在玉米 5 叶期以后施药，有可能出现药害；②用药量过大或重复施药易造成药害；③使用过有机磷（如敌敌畏、辛硫磷等）杀虫剂的玉米对烟嘧磺隆敏感，两类药剂使用要间隔 7 天以上，以避免产生药害。所以使用烟嘧磺隆必须注意以上 3 种情况，以规避药害风险。

2. 玉米药害的补救 玉米一旦发生药害，应视药害程度分别采取相应的补救措施。如药害非常严重，可能对产量造成较大影响。在不误农时的情况下，应进行毁种，以降低损失，如药害不太严重，通过其他措施可恢复正常生长。可在出现药害症状初期，喷施植物生长调节剂、叶面肥等以缓解药害，使受害植株尽快恢复生长。

十一、玉米除草剂使用过量的补救措施

用药后玉米出现轻微药害不需要处理。玉米生长只是暂时褪绿或轻微的发育迟缓时，经 7～10 天即可自行恢复正常生长，不会影响产量。

1. 药害较重的补救措施

（1）加强田间管理。及时浇水、增施碳酸氢铵或尿素等速效性肥料，促使玉米根系吸收较多水分，提高玉米的代谢能力和烟嘧磺隆在体内的降解速度，促进玉米尽快恢复正常生长发育。适当中耕，增强土壤的通透性，增强玉米根系对水分和养分的吸收能力。

（2）喷施植物生长调节剂。在上午露水干后或傍晚用 50～200 毫米/升的赤霉素溶液进行叶面喷雾，可有效减轻药害，促进玉米恢复正常生长。

（3）对于一些碱性易分解失效的除草剂，可用 0.2% 的生石灰或 0.2% 的碳酸钠清水稀释液喷洗作物。同时足量灌水，促进根系吸收，降低作物体内药物浓度，缓解药害。

2. 往年玉米田茎、叶除草剂药害的补救措施

（1）玉米马鞭状、拳头状药害。此类情况属玉米重型药害，要挽回受害玉米，恢复正常生长不现实。最好的补救措施是先人工辅助解除马鞭状、拳头状的外部形态，再施肥浇水，并结合喷施叶面肥或生长调节剂。

（2）玉米茎叶干枯比较严重，但心叶尚未死亡。此类情况属触杀型药害，最有效的措施是先施肥、再浇水，尤其追施速效氮肥。通过上述补救措施，玉米一般不减产。若仅喷施生长调节剂、叶面肥类，效果则不理想。

（3）一般轻型药害。包括玉米叶片出现失绿斑、轻度褪色、生长受抑制等。首选措施是加强肥水管理，如无灌溉条件，只能喷施生长调节剂、叶面肥，也能收到一定效果。常用的药剂有复硝酚钠、奈安、赤霉素、磷酸二氢钾等，应结合具体情况合理选用。

十二、玉米穗的异常结粒

(一) 异常结粒的种类

一般有以下情况：空棵，整株不结玉米穗的"公玉米"；玉米穗一面有籽，另一面不结籽，俗称"半拉脸"（图4）；玉米穗上部无籽或籽粒干瘪，俗称"秃头"（图5）；玉米穗缺粒呈分散状，俗称"满天星"（图6）；玉米穗靠近穗柄的基部缺粒（图7）。

图4 玉米"半拉脸"穗

图5 玉米"秃头"穗

图 6 玉米分散缺粒穗

图 7 玉米基部缺粒穗

（二）玉米异常结粒的原因

1. 天气不适宜 抽雄前和散粉期遭遇极端天气，高温干燥或者低温多雨影响授粉受精。玉米开花最适宜的温度为 25～28℃，最适宜的相对湿度为 60%～90%。高于 38℃ 或者低于 18℃，花粉成活率低，成活时间过短。玉米开花授粉期天气温度连续几天超过 35℃，空气温度高，相对湿度低，会造成雌穗花丝接受花粉的能力减弱，雄穗花粉生活力降低，生存时间缩短，导致结实不良。湿度低于 60%，开花减少，花粉因缺水成活时间短，湿度过大，花粉不易散开，遇水或露珠容易吸水胀裂，失去活力。

阴雨天气往往造成穗不能正常开花，有的花粉膨胀破裂或黏结成团，失去活力，影响授粉受精的正常进行。

2. 种植密度过大　种植密度过大，叶片相互遮光，田间通风受阻，生长发育不良，穗分化受阻，授粉受阻，造成缺行缺粒。

3. 水分供应不足　玉米大喇叭口期至吐丝期，是玉米需肥、需水量最大的时期。若遇天气干旱，会影响雄穗的正常开花和雌穗花丝的抽出，造成抽雄提前和吐丝延迟，花粉的生命力弱，花丝容易枯萎，造成受粉结实不良，从而影响授粉过程。

4. 施肥不合理　在同一种植密度下，施肥少的比施肥多的结实差，肥力越低，密度越大，结实越差，越容易出现空粒。

5. 养分代谢不良　玉米雌穗分化阶段营养不足，光合作用弱，有机物质积累少，使雌穗发育不良，而导致空棵，或影响授粉率。

6. 营养不良或种植结构不合理　玉米雄穗由顶芽发育而成，生长势强，雄穗分化比雌穗早 7～10 天，而雌穗是由腋芽发育而成，发育较晚，生长势较弱。当外界条件不宜时，雄穗会对雌穗产生明显的抑制作用，若营养不良，雄穗就利用顶端生长优势，将大量的养分吸收到顶端，致使雌穗因营养不足而发育不良，形成空秆。

玉米是同株异花作物，雄花在上，雌花在下，如果是零星小片或线状种植，就会使雌花授粉率下降，所以对于这种情况，最好在雌花抽丝后 2～10 天人工辅助授粉，以增加授粉率。

7. 病虫害　玉米花粒期常见的病虫害是玉米螟、蚜虫、玉米双斑长跗萤叶甲、黏虫和叶斑病、黑粉病等，以及除草剂药害，这些情况会导致功能叶早衰，也会使玉米空秕粒增加，严重的形成空穗。或者病虫危害果穗，营养供应不足或受阻，往往形成空穗或授粉后不能正常灌浆结实。

8. 土壤因素　沙性土壤盐分较高，低洼易涝，耕作层过浅，蓄水保肥能力差，瘠薄的土壤，空秆、秃尖缺粒发生较重。

（三）预防措施

1. 适时早播　适时早播可使玉米授粉期提前，避开高温天气，在适宜的温度条件下进行授粉。

2. 合理密植　根据玉米品种特性，合理密植，有利于通风透光，提高光合效能，增加果穗养分，促进果穗分化。

3. 玉米去雄　在玉米抽雄期适当去雄，削弱玉米植株顶端优势，促进雌穗发育，辅助以人工授粉，提高授粉率。

4. 合理灌溉　防止玉米大喇叭口期"卡脖旱"（雄穗或雌穗，无法抽出）的发生，大喇叭口期若遇干旱应及时浇水，促进果穗发育，促进玉米正常授粉受精。

5. 科学施肥　采用配方施肥技术，施足基肥，轻施苗肥，重施拔节肥和孕穗肥，基肥以有机肥为主，配施适量氮、磷、钾肥。追肥以氮肥为主，主要在拔节、孕穗期进行，后期可适当追肥。

6. 加强病虫害防治　在玉米抽雄吐丝期，注意玉米螟、蚜虫的防治，化学防治主要以喷雾为主。

十三、玉米抽雄期的田间管理要点

玉米抽雄以后，开始进入生殖生长阶段，这时期叶面积系数达到最大值。吐丝期是决定粒数最关键的时期，花粒期是决定粒重的重要时期，是形成籽粒产量的重要生长时期，这一时期对玉米产量起着决定性作用，同时也是病虫害多发期。为争取高产，必须加强这段时间的田间管理。

1. 水分管理　玉米穗期耗水量最大，占全生育期耗水总量的30%～35%，抽雄期耗水强度最大，是玉米需水的临界期，干旱、缺水会造成不同程度的减产，甚至绝收，严重影响产量，在土壤相对含水量低于70%时，要及时浇水，避免干旱造成减产。

2. 肥料管理　穗期是玉米全生育期需肥量最多、需肥强度最大的时期，要根据情况适当追肥，对于脱肥的玉米，粒肥一般在抽雄到吐丝期施用，以氮肥为主，每亩施尿素 10 千克左右，能起到促进籽粒灌浆，提高结实率和粒重的目的。

空秆植株影响大田的通风透光，并与正常植株争水、肥，空耗养分，还有可能传播病害，严重影响产量，要及早去除。玉米植株除去上部果穗后，其第二、第三果穗发育迟缓，除特殊品种外，一般情况下这样的小穗不能结实（俗称瞎棒），应当去除，减少养分无效消耗，促使主穗充实，棒大粒多，籽粒饱满，增加产量。去除空秆、瞎棒同时，要及时去除病株，减少病虫害传播。

3. 中耕管理 中耕可以改善土壤的通透性和肥水供应状况，促进根系发育，还可清除杂草，培土能促进玉米气生根的形成，可增强玉米抗倒伏性能。秋季多风，往往造成玉米倒伏，因此，在玉米追肥后要及时培土，防止倒伏的发生。若玉米生长后期出现倒伏现象将严重影响产量的形成，严重的可造成绝收。

4. 病虫害防治 病虫害防治要早发现、早防治，玉米后期常见病虫害有茎腐病、叶斑病、黑穗病、玉米螟、黏虫、蚜虫等，要积极防治。对于黏虫每亩用 2.5% 溴氰菊酯乳油 15 毫升，兑水 20～30 千克喷施，发生严重时，间隔 7～10 天，连喷 2～3 次。对于玉米叶斑病，可用 5% 百菌清或 75% 代森锰锌、70% 甲基硫菌灵等 500～800 倍液进行喷雾。喷雾时可结合喷洒磷酸二氢钾等防止早衰。

5. 适期晚收 该方法可以保证玉米有足够的灌浆时间，是提高粒重、增产、增收的有效措施。力争在 9 月底至 10 月初玉米完熟期收获，玉米成熟的标准是果穗苞叶变白、干枯、松散，乳线消失，籽粒有光泽，这时粒重最高。事实证明，每推迟 1 天收获，千粒重平均提高 3 克左右。

十四、玉米要实现高产需适期适量施肥

玉米能否高产，与玉米生长期间施肥有很大的关系。要想玉米高产、稳产，提高玉米经济效益，玉米种植户需要掌握玉米施肥技巧，那玉米什么时候施肥能实现高产？

玉米种植户需要知道的是，玉米并不是施肥越多产量就越高，要适期适量施肥。玉米施肥的常见误区如下：①追肥过晚。农民习惯于抽雄前后追肥，殊不知此时已错过最佳时期。②一炮轰式追肥。播种时把整个生育期的肥料做种肥一次施入，或者浇蒙头水时把整个生育期的肥料全部撒入。③等雨追肥。不了解玉米生长需肥特点，只等雨后追肥。

以上 3 种施肥误区，玉米一般难以实现高产、稳产，且浪费肥料。提高玉米产量，需要注意以下几点：

（1）应了解玉米的需肥规律。玉米苗期是需磷、钾肥的关键期，抽雄前的大喇叭口期是需氮肥的关键期。

（2）施肥量的确定。应以产定肥，一般亩产 700 千克的地块需施入尿素 35 千克、磷酸氢二铵 15 千克、硫酸钾 20 千克，亩产 800 千克以上的地块，要增施农家肥和硫酸锌、硼砂等微肥。

（3）施肥时期和方法。苗期应把全部的磷肥、钾肥、全生育期氮肥总量 20％左右的氮肥和锌肥作为基肥（种肥）一次施入。有研究表明：合理施用基肥能增产 15％左右。大喇叭口期（1～1.5 米高）重施氮肥，应施入氮肥总量的 60％左右，在抽雄后再施入 20％的氮肥最好。在距玉米根 10～15 厘米处穴施或开沟条施效果最好，不要撒施，遇旱施肥要结合浇水。

此外，在补充大量元素的同时，要注意补充作物所需的微量元素，叶面喷施全营养元素肥，能极大程度避免因缺素造成的弱苗和生长发育迟缓，亩用 25～50 克微量元素肥可增产 10％～15％。

施好肥后，综合管理也不容忽视。根据田间生长情况，遇旱浇水，病虫害综合防治，适时晚收才能获得最后高产。

十五、玉米最佳收获期的确定

玉米的成熟需经历乳熟期、蜡熟期、完熟期 3 个阶段。因玉米与其他作物不同，籽粒着生在果穗上，成熟后不易脱落，可以在植株上完成后熟。因此，完熟期是玉米的最佳收获期；若进行茎秆青贮时，可适当提早到蜡熟末期或完熟初期收获。

掌握玉米的收获期是确保玉米优质高产的一项重要前提。乳熟期植株中大量营养物质正向籽粒中输送，籽粒中尚含有 45％～70％的水分，此时收获的玉米晾晒会费工、费时，晒干后千粒重大大降低。据试验，乳熟期收获一般可减产 20％～30％，而且品质明显下降。完熟期后若不收获，这时玉米茎秆的支撑力降低，植株易倒伏，倒伏后果穗接触地面易引起霉变，而且也易遭受鸟、虫危害，使产量和籽粒品质造成不必要的损失。玉米是否进入完熟期，可从其外观特征上判断：植株的中、下部叶片变黄，基部叶片干枯，果穗苞叶黄白色、松散，籽粒变硬，并呈现出本品种固有的色泽。此外，还可从以下几方面判断：

1. 乳线位置　玉米籽粒灌浆充实的顺序：果穗中部快于下部，下部又快于上部。籽粒从玉米穗顶部开始向基部充实。在灌浆充实的过程中，从籽粒胚的背面可以看到籽粒从顶部到基部的颜色由深变浅，其中有一条明显的界线，称为乳线。

据相关实验测定：当乳线处于距顶部 1/3 的位置时，千粒重为 299 克，为完熟时粒重的 90.9％；当乳线处于籽粒 1/2 的位置，千粒重为 323 克，相当于完熟期粒重的 98.9％；当乳线处于基部并消失时，千粒重为 329 克，达粒重最大值。

2. 绿叶片数　有关实验表明：当果穗苞叶枯黄，植株中、上部仍有 7～8 片绿叶时收获，千粒重为 318 克，相当于完熟期粒重的 92.9％；当果穗苞叶枯黄，植株还有 5 片左右绿叶时收获，千粒重为 333 克，为完熟期粒重的 98.8％；当果穗苞叶枯黄并松动，植株只有 1～2 片绿叶时收获，千粒重最大，为 345 克。

3. 灌浆时间　从玉米分期收获结果得知：授粉后 40 天，千粒重为 313 克，相当于完熟期粒重的 90.9％；授粉后 45 天，千粒重为 336.9 克，相当于完熟期粒重的 98.8％；授粉后 50 天，千粒重为 344 克；授粉 50 天以后，因呼吸作用消耗，粒重开始下降；在授粉 55 天以后，千粒重为 336 克，已下降 1.8％。

小 麦 篇

一、小麦套种晚播向日葵栽培技术

小麦套种晚播向日葵高产栽培技术可使小麦亩产比常规种植模式中小麦增产 25 千克，千粒重比单种小麦提高 1 克，比常规套作提高 3~4 克；向日葵较常规套作增产 35 千克。

1. 品种选择 小麦选用永良 4 号、永良 15 等一级包衣良种。向日葵选用生育期在 100 天左右的矮秆杂交品种。

2. 播种时间及方法 小麦播种时间为 3 月 15~25 日，向日葵播种时间推迟至小麦抽穗期，即 6 月 5~10 日。小麦实行缩垄增行（行距 10~12.5 厘米）、种肥分层机械播种，亩施磷酸氢二铵 25 千克作种肥；向日葵实行精量点播和基肥侧深施，亩施磷酸氢二铵 10 千克或三元复合肥 15 千克做种肥。

3. 带型和密度 采用 400 厘米机收带型：小麦播 22 行，带宽 247 厘米；向日葵播 4 行，带宽 153 厘米。向日葵距小麦边行 27 厘米，向日葵小行距 27 厘米，大行距 45 厘米，食用向日葵（简称食葵）株距 33 厘米，亩留苗 2 000 株；油用向日葵（简称油葵）株距 27 厘米，亩留苗 2 500 株（图 8）。

图 8　小麦套种向日葵

二、麦后复种栽培技术

根据内蒙古地区小麦"一熟有余，两熟不足"的农业气候特点，可采用麦后复种向日葵穴盘（纸筒）基质育苗移栽技术。该技术最大限度地利用了光、热、水、土资源，是一项节本增效的创新性技术。

麦后复种育苗向日葵，可充分吸收土壤中的养分，因小麦是须根系植物，向日葵是直根系植物。

麦后复种育苗向日葵，可充分利用麦收后气温高、降水量和日照充足的条件，而且技术可靠，操作简便，投入少，见效快，收益大。

1. 品种的选择 小麦选用当地主推品种永良 4 号、农麦 2 号。向日葵选用食葵杂交品种中生育期较短的品种。育苗前先将育苗基质 50 升倒在水泥地或塑料布上，加入多菌灵 15～20 克，加水 3.5～5 千克，湿度标准为用手握紧基质后水似滴不滴。将拌好的基质用铁锹铲放在摆好的空穴盘上，用木板刮平，装盘后不可用力压实，否则会影响出苗。

2. 播种日期 育苗向日葵，播种适期为 6 月底 7 月初，移栽时间为 7 月 20 日前。

3. 定植时间 麦后复种向日葵定植时间为 7 月 20 日前。具体做法：麦收前及时浇水，等到收获后及时耕翻土地，耙耱，带种肥磷酸氢二铵 10～12 千克/亩＋硫酸钾 3～5 千克/亩，然后坐水移栽。定植规格：滴灌采用大行距 80 厘米，小行距 40 厘米，株距 60 厘米，亩留苗 1 750 株。常规种植行距 60 厘米，株距 80 厘米，亩留苗 1 375 株。

麦后复种育苗向日葵能提高复种指数，增加作物对农田的覆盖率，减少风蚀和水土流失，达到净化空气、保护农田生态环境的良好效果。

谷 子 篇

一、张杂谷概述

张杂谷系列杂交种由张家口市农业科学院选育，生产上推广应用效果良好。与一般常规谷子品种相比，张杂谷系列杂交种具有以下优势：

1. 高产 张杂谷 3 号、张杂谷 5 号、张杂谷 6 号、张杂谷 8 号，一般亩产达 400～500 千克。较谷子常规品种增产 20%～30%。

2. 优质 目前推广的张杂谷 3 号、张杂谷 5 号、张杂谷 6 号、张杂谷 8 号、张杂谷 10 号，均被有关部门评为优质米，其中张杂谷 5 号粗蛋白含量 12.81%，粗脂肪含量 3.38%，直链淀粉含量 14.46%，胶稠度 138 毫米，每千克谷子含维生素 B_1 6.6 克，营养价值较高，被中国作物学会粟类作物专业委员会评为一级优质米，市场售价明显高于常规谷种。

3. 节水抗旱 谷子为节水省肥作物。"唯见青山干死木，不见地里旱死谷"是对谷子耐旱性的形象喻示。而张杂谷系列品种较一般谷子品种更具耐旱性，据甘肃会宁试验，年降水量 100 毫米，种植张杂谷 3 号和张杂谷 5 号，亩产均可达 250 千克，而其他作物如玉米、甘薯、小麦等在此降水条件下基本绝收。

4. 适应性广 谷子生物适应性广，我国北起黑龙江黑河，南至海南崖县，西起新疆，东至我国台湾都有种植，但就一个品种而言，区域适宜性窄，适宜面积相对较小，因此业内人士有"谷子腿短"的说法。而张杂谷的选育成功，打破了这一传统界限，使一个品种的适宜区域得到扩大。以张杂谷 3 号为例，在河北、山西、陕西、甘肃北部、内蒙古、辽宁、黑龙江等地种植均有上佳的表现，多地多点出现高产典型地块。

5. 省工省时 现推广的谷子杂交种转育了抗专用除草剂基因，因此在谷子 3～5 叶期，谷田喷洒专用除草剂可同时杀死单子叶杂草和非杂交种苗，方便易行，与传统种植谷子相比，显著减少了间苗和去除杂草的用工量。

二、当前生产推广种植的张杂谷介绍

（一）张杂谷 3 号

品种来源：该品种是由张家口市农业科学院育成的抗除草剂谷子杂交种，2005 年通过国家品种鉴定。

特征特性：生育期 115 天，绿苗绿鞘，单株有效分蘖 0～2 个，株高 162 厘米，穗长 25.8 厘米，棍棒状穗，单穗粒重 23 克，千粒重 3.1 克，抗病、抗倒、抗旱，黄谷黄米，适口性好，在 2003 年 3 月全国第五届优质食用粟评选中被评为优质米。

产量表现：一般亩产 400～650 千克，旱地表现突出。

适宜范围：适宜在河北、山西、陕西、甘肃北部以及内蒙古、辽宁、黑龙江等≥10℃积温 2 700℃以上地区种植，尤为适宜旱地。

（二）张杂谷 5 号

品种来源：该品种由张家口市农业科学院选育而成，已通过市级品种审定。

特征特性：生育期 125 天，绿苗绿鞘，株高 162.2 厘米，穗长 25.6 厘米，棍棒状穗，结实性好，单穗粒重 22.4 克，千粒重 3.1 克，抗病、抗倒、喜肥水，白谷黄米，米质上乘，2004 年被评为国家一级优质米。

产量表现：亩产 400～700 千克，最高可达 800 千克。

适宜范围：适宜在河北、山西、陕西、甘肃北部以及内蒙古、

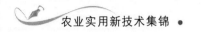

辽宁等≥10℃积温 2 800℃以上，有灌溉条件的地区种植。

(三) 张杂谷 6 号

品种来源：该品种是由张家口市农业科学院选育而成的较早熟谷子杂交种。

特征特性：生育期 110 天，绿苗绿鞘，株高 152.2 厘米，穗长 25.6 厘米，棍棒状穗，单穗粒重 22.4 克，千粒重 3.1 克，抗病、抗倒、抗旱。黄谷黄米，品质优，适口性好，在小米鉴评会上被评为优质米。

产量表现：旱地亩产 350～400 千克，最高可达 600 千克。

适宜范围：适宜在河北、山西、陕西、甘肃北部以及内蒙古、辽宁、黑龙江等≥10℃积温 2 500℃以上地区种植，尤其适宜种在旱地上。

(四) 张杂谷 8 号

品种来源：该品种是由张家口市农业科学院选育而成的夏播谷子杂交种。

特征特性：夏播生育期 90 天，绿苗绿鞘，苗株高 100～120 厘米，单穗长一般 25～33 厘米，单穗粒重达 50 克。抽穗至成熟长达 40 天，灌浆时间长。根系发达、耐旱、抗倒、质优、高产。黄谷黄米，色味俱佳，适口性好。

产量表现：亩产可达 500 千克。

适宜范围：适宜在河北、山西、陕西、河南等地夏播。

(五) 张杂谷 10 号

品种来源：该品种是由张家口市农业科学院选育而成的抗除草剂谷子杂交种，已通过国家鉴定。

特征特性：生育期 132 天，株高 150 厘米，穗长 23.9 厘米，穗重 40.8 克，单穗粒重 30.25 克，出谷率 74.14%，千粒重 3.0 克。棍棒状穗，松紧适中，黄谷黄米。综合性状表现良好，适应性强，稳产性好，抗病、抗倒、抗除草剂，熟相好，米质优良。

产量表现：亩产 500～800 千克。

适宜范围：适宜在河北、山西、陕西、甘肃北部以及内蒙古、辽宁、黑龙江等≥10℃积温 3 000℃以上，肥水条件好的地区种植。

三、张杂谷栽培技术

（一）春谷栽培要点

1. 选地

（1）谷子粒小、芽弱、顶土能力差，因此要尽量选择地势高燥，土壤通透性好，易耕作和松软肥沃的沙壤土。

（2）种植张杂谷和常规谷子一样，要轮作倒茬，忌重茬（同一地块连续种植谷子），不迎茬（在同一地块上隔一茬种植谷子）。

2. 精细整地保全苗　好的苗情是发挥张杂谷杂交优势的首要前提，而要获得全苗，则必须在整地上下功夫，特别是丘陵区旱坡地。整地时要区别土壤类型，因地制宜。

（1）丘陵区旱坡地。此类地块甚多，其特点是地力瘠薄、干旱缺水、保苗难度大。根据多年生产经验，采取三墒整地的办法，可以取得较好效果。

秋耕蓄墒：秋季降雨偏多，夏秋作物收获后，结合施底肥早深耕，以更多接纳雨（雪）水，称为蓄墒（2009 年张家口市蔚县春旱严重，据调查张杂谷出苗情况，凡是全苗的地块均为秋耕地，未秋耕地块则缺苗断垄严重）。

压地提墒：冬季三九压地，返浆前压地，粉碎土坷垃，填补土壤裂缝，形成地表紧密层，降低土壤透气性，减少水分蒸发，使地下水向上移动，称为提墒。

耙糖保墒：早春在土壤表面解冻，下层还有冰凌时顶凌耙糖，以弥合地表裂缝，切断毛细管，防止水分蒸发，称为保墒。

三墒整地也要根据具体情况灵活运用，如果太旱，可多耙不耕，雨涝时则翻耕放墒。

（2）平川区壤土地。此类地土质虽较好，但特点与丘陵区旱坡地近似，也应注意保墒工作。

（3）洪灌区黏土地。此类土质黏重，秋季一般较湿润，耕期过早，土湿黏犁不好耕，耕期过晚，地干土黏耕不动，应在不干不湿时抓紧耕翻，由于这类土壤适耕期很短，应勤观察，掌握耕翻时间。

（4）下湿盐碱地。此类土壤应耕干不耕湿，耕后不耙耱，立垡晾晒，以防返碱。

耕地整过后，应使土壤达到细、透、平、绒，上虚下实，无较大的残株、残茬，即可进行播种。

3. 施足基肥 "庄稼一枝花，全靠肥当家"，因此播种前施足基肥是满足谷子生长发育要求的重要措施。基肥以农家肥为主，施用量以高产田每亩 5 000～7 500 千克、中产田每亩 1 500～4 000 千克为宜。为提高速效养分含量，可以补充一些氮、磷、钾肥，如磷酸氢二铵，每亩 15 千克与农家肥混合施用。施肥时间和方法以收获后结合秋耕施入为好，没有来得及秋耕的，可于春天土壤开始返浆时结合春耕施入。

4. 播种

（1）适期播种。根据播期试验结果和多年生产实践，张家口以及周边地区的谷子播种期一般选在小满前后最为适宜，冷凉地区可以提早到 4 月 20 日，最晚不超过 5 月底。

所谓适期播种就是使谷子的生长规律和当地的自然气候规律达到最大程度的吻合。即幼苗期处于初夏的旱季，有利于蹲苗，促使根系下扎，生长健壮，防止后期倒伏；孕穗期正赶在雨季来临的中峰，可以防止胎里旱；抽穗期正是雨季高峰，可防止卡脖旱；灌浆期赶在昼夜温差较大的秋季，有利于提高谷粒饱满度；成熟期正赶在秋分时节，避免遇到早霜。这只是一般规律，具体播种时间因各地的自然气候及土壤类型各异，选用的杂交谷种不同，因此播种期不能强求一致。实际播种时，要看天、看地、看品种，比如，无霜期短的地区要适当早种，反之则晚种，生育期短的张杂谷（如张杂谷 3 号、张杂谷 6 号）要适当晚种，反之（如张杂谷 5 号、张杂谷 8 号）则早种。

（2）播种量与播种深度。按照苗数、发芽率、千粒重计算播种量，每年播种前由经销部门计算后通知用户，一般每亩播量 0.5～0.75 千克。播种深度应掌握墒情好宜浅、墒情差宜深的原则，播种深度一般以 3～4 厘米为宜。

（3）播种方法。谷子的播种方法很多，常用的有 3 种：

楼播：其特点是在一次操作中可以同时完成开沟、下籽、覆土作业。下籽均匀，覆土深浅一致，跑墒少。

犁播：用牲畜拉动犁具开沟，用专用工具撒种子，然后覆土，优点是在下种同时可施用农家肥。

机播：机播具有下籽匀、保墒好、工效高、行直等优点。

（4）播种要求。采用楼播或播种机播种，要求撒籽均匀，不漏播、不断垄，深浅一致，播后要及时镇压，春旱严重、土壤墒情较差的地块可增加镇压次数，以提高出苗率。

5. 田间管理 实践证明，种植张杂谷必须抓住"早、稀、追、多、喷"五个关键环节。

（1）早间苗、促壮苗。谷子早间苗可减少谷苗拥挤，改善谷子光、水、肥的环境条件，有利于促进根系发育和形成壮苗。间苗时间以苗高 3.5 厘米左右（3～4 叶）为好。

（2）稀谷长大穗，充分发挥单株生产潜力。张杂谷属大穗类型杂交种，穗长最高可达 40 厘米，且分蘖率较高，因此栽培管理上要侧重发挥个体优势，掌握宜稀不宜密的原则。据多年实践结果，旱地亩留苗以 0.8 万～1 万株为宜，水地亩留苗以 1 万～1.2 万株为宜，在此范围内注意遵循好地宜密、差地宜稀的原则。

（3）追肥保高产。张杂谷根系发达，生长旺盛，吸收水、肥能力强。高产田要求追肥三次。第一次，5～6 叶期，顺垄撒施尿素 5 千克/亩，结合中耕、定苗将肥料翻入土壤中。第二次，在拔节期（苗高 33.4 厘米左右）撒施尿素 10 千克/亩，方法同上。第三次，在孕穗期，趁雨或结合灌溉追施尿素 10 千克/亩，张杂谷 5 号、张杂谷 10 号在灌浆期再追施尿素 5～7.5 千克。

（4）多中耕，勤管理。谷子早中耕、多中耕不仅能够增加产量，还可提高米质。苗期土壤湿度大时，可进行深锄散墒，深度 4～5 厘米。干旱严重时，可浅锄保墒，此期可进行多次中耕，既可减轻杂草危害，又有利于形成谷子壮苗。

（5）喷施除草剂，省工又省力。可选用谷子专用除草剂，能除去谷田中常见的一年生单、双子叶杂草，如：马唐、稗、狗尾草、牛筋草、马齿苋、反齿苋、藜等。施用时期：可在播后苗前土壤喷施或在谷苗 3～5 叶期杂草未出土前喷施，切忌在种子顶土时使用。

6. 适时收获 谷子颖壳边黄、籽粒变硬时，即可收获，避免风磨鸟啄，造成损失。

（二）夏谷栽培要点

夏谷和春谷一样，具有喜温、喜光、适应性强、比较耐旱、产量高的特点。除此以外，夏谷又有和春谷不同的地方，概括起来是晚、短、小、快四个字。

晚是指在小麦、油菜、春豌豆等早春作物收获后播种，或者是在前茬作物将要成熟前套种，都比春谷种的晚，一般要晚一个月。

短是指生育期短。播种晚还要在霜前成熟，从种到收正常生长时间只有 80～100 天。

小是指在有限的时间里，要完成整个生育过程，所以长的植株小，根茬小，穗头小。

快是指生长发育快。夏谷从播种到抽穗各个阶段，基本上都是在高温季节，所以整个生长发育过程都很快。

针对上述特点，在栽培上要相应掌握选对品种、早种、合理密植、水肥适宜、防治穗瘟病五个环节。

1. 选用品种 夏播地区以选用张杂谷 8 号最为适宜。

2. 早播种、早间苗 为保证夏谷生长期所需的有效积温，首先要早播种，在及时收获前茬作物的基础上，随收随灭茬，随整地随播种，播种时间以 6 月 15～25 日为宜。其次是早间苗、早定苗，促壮苗。一般应在 3～5 叶期进行间、定苗。

3. 合理密植 所谓密植是相对而言的。相比春谷，夏播谷子生育期变短（90 天）、穗子变小、秸秆变低，因此，这时栽培技术上的主攻方向应依靠群体来夺高产。张杂谷的留苗密度，要比春播谷密度增加一倍以上，但相对常规夏谷而言，张杂谷的株高、穗长、穗重均偏大，所以密度要偏稀，以每亩留苗 2 万～3 万株为宜。

4. 肥、水同施 夏谷生长期短，生长速度快，从出苗到拔节、孕穗、开花、灌浆等阶段时间间隔很短，农民群众有"连秀带长往上蹿，一天要长二寸三"的形象说法。因此对水肥要求迫切，水肥运用很关键。一般要求定苗后每亩追 4～5 千克尿素，作为提苗肥。拔节期结合深中耕每亩追施尿素 5～7.5 千克、磷酸氢二铵复合肥 10～15 千克、钾肥 10～15 千克。抽穗前每亩追施尿素 15～17.5 千克，追肥后浇水。进入灌浆期可用 2% 的尿素水溶液喷洒叶面，延长叶片功能期。

5. 防治穗瘟病 张杂谷在夏播区的主要病害是穗瘟病，其主要特征是在谷子灌浆期个别小穗出现白干现象，不能结实，造成减产。防治方法：在谷子抽穗后至开花前，用甲基硫菌灵 200～300 倍液喷雾，每亩用药 100～150 克。

（三）谷子覆膜栽培技术要点

在当今全球性气候变暖，水资源紧缺，干旱日益加剧的情况下，实行旱作农业已成为人类的必然选择，覆膜栽培技术是旱作农业的一项重要举措，谷子本身是节水耐旱作物，而张杂谷中的某些组合，在抗旱表现中又为上乘，若结合覆膜栽培技术，可起到事半功倍的效果。目前甘肃、山西两省种植地膜谷子万亩以上，收到很好的效果。根据各地覆膜栽培种植张杂谷的经验和做法，要想种好地膜谷子，重点要抓好以下技术环节：

1. 良种选择 旱地以张杂谷 3 号为宜，其次为张杂谷 5 号。

2. 精细整地 清除全部根茬、秸秆、石块、坷垃，防止播种时扎破地膜，使土壤达到细、透、平、绒，上虚下实。

3. 地膜选择　选用黑色地膜，抑制杂草效果好，且散射光多有利于光合作用。

4. 种植形式　采用膜宽 110cm 的地膜（膜上宽 60 厘米，沟宽 50 厘米），一膜 2～3 行。膜上种 3 行的间距 20 厘米，种 2 行的间距 30 厘米。穴距 25 厘米。每穴播种 4～6 粒，保苗 2～4 株。不间苗。趁墒顶凌铺膜，盖住底墒。

5. 播种　采用自制鸭嘴式播种机（仿玉米播种机）。两人操作一台播种机，沿地膜走向拉动播种机，一次播种 2～3 行，每天播种 50 亩，亩播量 0.5 千克。播后用脚踩压播种孔，不需覆土。这样，播种孔形成一个小坑，集水量可达降水量的 4～5 倍，根系增加一倍以上。

四、谷子主要病虫害及鸟害防治

（一）谷子主要病害防治方法

1. 谷子白发病（又称看谷老、白尖、黄枪、灰背）

发生规律：病菌借种子、肥料和土壤中残存的菌核，在种子萌发后出土前，侵入其非绿色部分的芽鞘，该病在干燥情况下可保持三年的生活力。

危害症状：幼苗被害后叶表变黄，叶背有灰白色霉状物，称为灰背。旗叶期被害株顶端三四片叶变黄，并有灰白色霉状物，称为白尖。此后叶组织坏死，只剩下叶脉，呈头发状，故叫白发病。病株穗呈畸形，谷粒变成针状，称刺猬头。

防治适期：播种期、挑旗期。

防治方法：①轮作。实行三年以上轮作倒茬。②拔除病株。在黄褐色粉末从病叶和病穗上散出前拔除病株。③药剂拌种。甲霜灵拌种效果很好，或者用 40% 敌磺钠粉剂、50% 萎锈灵粉剂、50% 氯苯甲醚粉剂拌种，每 50 千克谷种用药 350 克。也可用 50% 多菌灵可湿性粉剂、50% 苯菌灵可湿性粉剂拌种，每 50 千克谷种用药 150 克。

2. 谷子黑穗病

发生规律：病菌依附于种皮上越冬，第二年播种后由幼芽处侵入植物体内，后期破坏花器，在地温 12～24℃条件下病菌均能致病。

危害症状：病穗短而直立，前期灰白色，粒破裂后有黑粉散出。

防治适期：播种期。

防治方法：①选用抗病品种。②轮作倒茬。施行三年以上的轮作。③用 50％多菌灵或 40％福美·拌种灵可湿性粉剂拌种，每 50 千克谷种用药 150 克。

3. 谷瘟病（又称串码、间码等）

发生规律：带病种子及谷草是主要侵染来源。阴雨有雾、空气潮湿、气温 25℃左右时危害最重，氮肥过多，加重发病。

危害症状：叶片典型病斑为梭形，中央灰白色或灰褐色，叶缘深褐色，潮湿时叶背面发生灰霉状物，穗茎危害严重时变成死穗。

防治适期：播种期、抽穗期。

防治方法：①选用抗病品种。②药剂拌种。用甲霜灵拌种，每 25 千克谷种拌药 150 克，或用 1％石灰水浸种，均能杀死种子所带病菌。③叶面喷药防治。发病初期田间喷 65％代森锌 500～600 倍液叶面防治。

（二）谷子主要虫害防治方法

1. 粟灰螟（谷子钻心虫）

发生规律：一年发生 2 代，以幼虫在谷茬和谷草中越冬，第一代幼虫在 6 月中旬蛀茎，第二代幼虫在 7 月下旬至 8 月上旬蛀茎危害。

危害症状：以危害谷子为主，在接近地面处蛀秆入茎，造成枯心，第二代被害植株遇风易倒折。

预测方法与防治适期：5 月下旬和 7 月上旬加强田间调查，在幼虫蛀茎危害前，进行防治，喷药1~2次。

防治方法：①结合秋耕和春耕拾烧谷茬。②对越冬谷草在清明节前铡碎或封闭处理。③结合间苗拔除被害植株进行处理。④用菊酯类药剂喷雾，在定苗后、拔节期连喷2次药。

2. 粟茎跳甲（粟番死甲、谷三甲、褐鳞斑叶甲）

发生规律：一年发生1代，以成虫在枯枝残叶上越冬，第二年危害刚出土或出土不久的谷苗。

被害症状：被害谷苗主茎枯心，根部形成大量分蘖，分蘖被害后再行分蘖，呈现丛生状。粟茎跳甲咬食新生的幼尖，造成大量的缺苗断垄。

预测方法与防治适期：谷子开始出土时加强调查，发现被害株进行防治，第二次防治结合防治粟灰螟进行。

防治方法：①压青尖，顶土期用砘子顺垄镇压。②成虫出现期内用50%辛硫磷800~1 000倍液喷雾防治，或出现枯心苗时，在行间撒施辛硫磷毒土。

3. 黏虫（又叫五色虫、行军虫、夜盗虫等）

发生规律：一年发生2~3代，因地区和气候不同而有差别，冀西北地区首先发生于小麦地里，麦收后转移到玉米、谷子等大田作物地里。

危害症状：咬食作物的茎叶及穗，把叶吃成缺刻或只留下叶脉，或是把嫩茎或籽粒咬断吃掉。

预测方法与防治适期：于5月中下旬用糖蜜诱杀器或谷草把诱杀成虫观察情况，在成虫高峰过后进行田间喷药防治幼虫。

防治方法：①采卵，利用成虫产卵的习性，每亩插7~8个小谷草把，每3天换一次，用谷草的叶子引诱上卵，撒下烧毁，效果良好。②诱杀成虫，用插杨柳条枝或谷草把的方法诱集成虫，把成虫消灭在产卵之前。③人工捕杀幼虫。④掌握在幼虫三龄前用50%辛硫磷药液喷雾，有很好防治效果。⑤为防止其蔓延，可挖沟或喷药带封锁其四周。

（三）鸟害防治方法

鸟害一直是谷子种植者的一大心病，受灾严重的地块几乎颗粒无收。在此推荐以下几种谷子鸟害防治方法。

1. 土法防治

（1）在谷子地里扎制假人预防鸟类啄食。采取地间扎假人、悬挂红飘带、人工驱赶等多种土法可预防鸟害。

（2）把卫生球放在一个小纱布袋里，每袋 2～3 粒，然后按每亩 15～30 袋的比例均匀地挂放在将要成熟或成熟待收的谷子田里，每隔 15～20 天更换一次，直至收获，能有效地防止麻雀啄食谷粒。

（3）用樟脑注射液 20 毫升兑水 30 升喷雾，可有效防治谷子田鸟害，因樟脑有一种特殊气味，鸟闻之即飞离。

2. 药剂驱避

（1）驱鸟剂（一闻跑）是一种新型植物源类生物制剂。以中草药为主要原料，与多种进口高浓缩微量元素、植物生长调节剂配合而成。配方科学、气味独特，对兔、鼠、鸟、羊等多种动物有极强的驱避作用。本品可缓慢持久地释放出几种特殊香味，当家畜或鸟类闻到气味后即产生反应；同时还影响家禽或鸟类的三叉神经系统，使其产生过敏反应，从而远离觅食、嬉戏、筑巢场所，使其记忆期内不会再来。使用时稀释 1 000～1 500 倍均匀喷到谷子田里。

（2）双宝牌驱鸟剂为水溶性长效缓释生物制剂，安全无毒，可缓慢释放一种影响禽鸟中枢神经系统的芳香气味，使其在记忆期内不会再来。使用时兑水稀释 50～100 倍，在清晨或傍晚均匀喷到谷子田里；也可兑水 5～10 倍，装于敞口瓶，在每亩谷子地立杆挂瓶 50 个，缓释挥发气味驱鸟，每亩用量 100 克。

说明：以上仅供参考，各地应根据当地实际，因地制宜，选择适合的防治方法。各种驱避药剂应在试验、示范的前提下应用，以免达不到预期效果。

五、春谷生育期的农业气象条件

春谷生育期的农业气象条件见表3。

表3 春谷生育期的气象条件

生育期	节气	有利的农业气象条件	不利的农业气象条件	克服不利条件的措施及建议
播种	立夏、小满	气温在10℃以上，土壤湿度9%~11%，有利出苗	干旱少雨，低温条件下播种易发生白发病	选抗旱品种；适时趁墒播种；播后多次镇压保墒
出苗	芒种前后	气温在20℃左右，稍旱天气有利于蹲苗	低温霜冻（谷子不耐1~2℃的低温）	适时播种；锄苗、定苗
拔节	小暑前后	气温在22~23℃，水分充足	干旱影响穗分化，多雨时谷子根系发育不良	浅锄保墒，深锄发根
抽穗	大暑、立秋	气温在24℃左右，较充足的雨水有利抽穗	抽穗后连阴雨天气造成授粉不良或发生黏虫危害，干旱少雨造成卡脖旱	抽穗前追施肥料，进行人工授粉，防虫
成熟	白露、秋分	气温在20℃左右，晴天、无风天气有利成熟	早霜危害	通过调节播种期促其成熟

向 日 葵 篇

一、向日葵种植技术关键问题

(一) 向日葵杂交种和常规品种有何不同

向日葵杂交种充分发挥了异交作物的杂种优势,具有很旺盛的生活力,生长势、结实率、抗逆性、产量和籽实含油率等方面都超过了常规品种;增产效果显著,产量比常规品种提高20%~50%,而且油葵杂交种含油率很高(42%~52%);比常规品种植株矮,整齐一致,没有分枝,适应性广、抗旱、抗病、耐盐碱、耐瘠薄。

常规品种植株较高大,成熟不一,产量没有杂交种高,但可以年年留种。

(二) 气温变化对向日葵开花结实有何影响

开花授粉过程顺利与否,与气温、湿度、水分等关系密切。如果遇上低温阴雨天,花期常延迟、小花开花量减少、雌雄蕊成熟时间推后。遇到高温、干旱、干燥天气则花期提前、花粉量减少、生活力变弱,受精过程不能正常进行,部分小花不能授粉。阴雨天花粉湿润或结成团块,蜜蜂停止活动,最终造成产量和品质降低。

花期要求晴朗、暖和,气温20~25℃,适当的降雨、微风不妨碍蜜蜂活动。温度过高对授粉不利,超过35℃就会发生不育。开花期每天8:00~12:00平均气温为27.3℃时结实率为27%,25.5℃时结实率为19%,23℃时结实率为60%,20.4℃时结实率为75%。在一定温度范围内,气温降低则结实率增高,所以在生产中应适当调整播期以使花期避开高温阶段。

（三）哪些条件影响食葵杂交种结实率的提高

1. 干旱 向日葵是一种抗旱、耐盐碱的作物，但这并非代表向日葵生长发育不需要水分或只需要较少的水分，相反向日葵是需水较多的作物。向日葵从出苗到现蕾之前，是抗旱能力最强的阶段，但从现蕾到开花结束这一时期，向日葵需水量最大，约占全生育期需水量的 60%，如这一时期缺水，会使授粉不良或授粉后败育，造成空秕粒增多，产量下降。

2. 疏于管理 有些地区种植向日葵多以闲田作物或宅旁作物种植，农户只管种植和收获，而无其他诸如浇水、施肥、病虫害防治等基本农事操作，造成向日葵生育期间特别是关键生育时期缺水、缺肥，生长发育受阻，空秕粒增加，产量下降。

3. 缺少传粉媒介 向日葵是异花授粉作物，主要靠昆虫传粉。如果缺乏传粉媒介，就会影响授粉结实，造成空秕粒增加。近几年来，化学农药的大量使用，传媒昆虫数量减少，也是造成向日葵授粉率低，空秕粒增加的一个原因。

4. 品种因素 据国外研究，向日葵结实率和茎秆粗细、花盘直径呈负相关，即茎秆越粗，花盘越大，空秕粒也就越多。有些地区向日葵种植密度过低，导致茎秆粗大，也是造成空秕粒增多的原因。

5. 气候因素 开花授粉过程如遇低温阴雨天，花期常延迟、小花开花量减少、雌雄蕊成熟时间推后。遇到高温、干旱、干燥天气则花期提前，花粉量减少，生活力变弱，受精过程不能正常进行，部分小花不能授粉。

（四）为什么向日葵要浇好现蕾、开花、灌浆期的三次水

根据试验，向日葵出苗至现蕾期需水量占全生育期总量的 21.94%，日均量 0.51%；现蕾至开花期需水量占总需水量的 45.41%，日均量 1.82%；开花至成熟期需水量占总需水量的

32.65％，日均量 0.84％。由此可知需水高峰期为现蕾至开花期（与需肥高峰期相吻合）。那么究竟浇几次水为好呢？据辽宁省金州友谊乡农业科学站试验：向日葵现蕾期浇水一次亩产 105.5 千克；现蕾、开花期各浇一次亩产为 130 千克；现蕾、开花、灌浆期各浇一次亩产为 159 千克，无浇水的亩产为 70 千克。灌三水比不灌增产 127％；比灌两水增产 22.3％，比灌一水增产 50.7％。因此，灌好现蕾、开花、灌浆三次水是保证高产的关键。

（五）在选购向日葵种子时应注意哪些问题

到正规的种子销售单位购买。目前，经营种子的渠道很多，种子市场较为混乱，很多农民盲目购种，往往受到假冒伪劣种子的危害。因此，购种时一定要从证照齐全，具有良好的企业信誉和履约能力的正规供种渠道购种。

选择适合本地区的品种。在选购时一定要注意是否越区，是否经过引种试种，能否适应本地区的自然条件（如气候、土壤类型、土质等），以及对本地区易发生的病虫害的抗性等因素。一般来说，品种的活动积温要比本地活动积温低 100～150℃为宜。若熟期过短，一是造成积温的浪费，二是产量水平很低，三是植株易早衰。若熟期过长，向日葵还没有完全成熟植株即因霜冻死亡，造成品质严重下降。若地块的水肥条件较差，应选择耐瘠薄、抗逆性强的品种，以求稳产。

选择优良品种，了解品种的特性，如产量、商品籽粒长短、抗病性情况等。

（六）为什么种植向日葵种子必须年年换种

杂交种是用几个亲本杂交得来的，所以每年必须在专门的地方配置种子供大田生产用。若种二代种子，虽也能出苗、开花结果，但会产生严重的分离现象：高低不一，大小不匀，有迟有早；一部分性状随父本，分枝多，花盘大小很不一致，开花前后拉得时间很长，且有一部分无法结籽；一部分性状随母本，雄性不育，授粉不良，同时皮壳厚，出仁率低，而最终导致严重减产。今后为了避免种植二代种子情况发生，一是要向种植户宣传科学道理，提高相关意识，二是要设法降低种子成本，三是有关部门在资金上对贫困地区给予支持。

（七）向日葵最佳收获时期如何确定

当植株茎秆变黄，中上部叶片变淡黄色，花盘背面成黄褐色，舌状花干枯或脱落，籽粒坚硬并呈现固有色泽即可收获。收获时要分品种收获、摊晾、脱粒、储藏或销售。要特别注意，有些地区向日葵收获时正值秋季多雨季节，气温较低，土地比较潮湿，要多晾晒、勤翻动、早脱粒，防止籽粒发霉变质，降低商品价值。

（八）向日葵结实率低是不是品种本身因素造成的

向日葵结实率高低与诸多因素有关：一是受气候因素如气温、湿度、水分影响，开花授粉过程如遇低温阴雨天或高温、干旱、干燥天气会影响受精过程，造成产量和品质降低；二是种植管理不及时，造成向日葵生育期间特别是关键生育时期缺水、缺肥，生长发育受阻，结实率降低；三是开花过程中缺少昆虫传粉，影响授粉结实，造成空秕粒增加；四是品种因素，如柱头长短、花盘形状、倾斜度，都会影响结实率。

（九）什么土壤条件、气候条件适宜种植向日葵

向日葵对土壤要求不严格，它可以栽培在各种土壤中，从肥沃土壤到旱地、瘠薄、盐碱地均可种植，这也是向日葵适应性较广的原因之一。最适宜种植向日葵的土壤为壤土和沙壤土。

一般油葵从出苗到成熟需要≥5℃的有效积温1 700℃左右；食葵从出苗到成熟需要≥5℃的有效积温1 900℃左右。

（十）为什么种植向日葵要进行轮作、倒茬

向日葵连作不仅会使土壤养分特别是钾元素过度消耗，而且许

多向日葵病害都是土壤传播的，连作会使与向日葵伴生的寄生性杂草列当、向日葵菌核病、向日葵螟等病虫草害加剧，因此，至少实行三年以上的轮作，可减轻和抑制病虫害的发生，减轻杂草和寄生草的危害，避免土壤养分失衡。

（十一）向日葵宜与哪些作物轮作、倒茬

向日葵宜与禾谷类作物（如小麦、大麦、玉米、高粱等）轮作、倒茬；甜菜及深根系作物不宜作为向日葵的前茬；马铃薯不宜作为向日葵的前茬，否则向日葵黄萎病、白腐病发生严重。

在肥力较高的地块，向日葵茬对后作的影响与其他作物无明显差异。

（十二）向日葵现蕾期的管理要点

向日葵现蕾期是需水肥的关键时期，此时应追肥、浇水，一般每亩用尿素 15～20 千克，此次施肥可加一定量的钾肥，以增强后期叶片功能，提高抗病性和防倒伏性。结合追肥浇水，在行间进行深中耕，提高植株的抗倒伏能力。

向日葵主要靠昆虫授粉，开花期在向日葵田周围放养蜜蜂可大幅度提高产量，一般按每 3～5 亩地一箱蜂的比例放置，蜜蜂及其他传粉昆虫数量不足的地方应实行人工辅助授粉。

蕾花期也是向日葵易发生各类病虫害的时期，要加强预测预报，及时发现病虫害并采取防治措施。

（十三）为什么放置蜜蜂可提高向日葵产量

向日葵是虫媒花作物，蜜蜂授粉的效果极其显著。在无蜜蜂等昆虫自然授粉情况下，空壳率为 85.8％。因此结合养蜂业，利用蜜蜂授粉对提高向日葵产量、减少空壳率有极大好处。

试验研究证明，一般按每 3～5 亩地放一箱蜜蜂，结实率在95％以上，增产 10％～20％。

（十四）怎样进行向日葵的人工辅助授粉

1. 授粉时间　应在向日葵进入开花期（全田 70％植株开花）后 2～3 天，进行第一次人工辅助授粉，以后每隔 3 天授一次，共授粉 2～3 次。授粉时间最好在上午露水干后进行，到11:00前结束。若上午不能授完，可在 15:00 以后进行。

2. 人工授粉方法　一是粉扑（软布和棉花制成的授粉工具）授粉。用一只手握住向日葵的花盘颈，另一只手用粉扑的正面轻轻接触花盘，使花粉粒黏在粉扑上，接触时不要用力过大，以免损伤雌蕊柱头。然后将粉扑用同样的方法轻轻接触另一花盘，依次擦下去。二是花盘接触授粉，即在相邻的两行，在开花期间用手逐对相互轻按几下即起到授粉作用，动作要轻，以免扭伤折断花盘颈。

（十五）什么措施能够增强向日葵的抗倒伏性

合理密植使向日葵植株个体与群体间达到最佳，既保证个体的正常发育，也不会因为密度过小造成减产，或密度过大引起植株争光徒长而倒伏。现蕾前进行深中耕，将土培到植株根部，提高植株抗倒能力。选择株高较低、茎秆坚硬的抗倒伏品种。籽粒灌浆期间尽量少浇水，尤其要避免大水漫灌。

（十六）怎样提高向日葵结实率

1. 加强水肥管理　向日葵是喜水肥的作物。适宜的水肥条件可降低向日葵的空壳率，提高产量。①合理利用自然降水是降低空壳率的有效途径。向日葵抗旱性较强，从生育期来看是一种需水较多的作物，但雨水过多也会影响授粉，增加病害蔓延。②科学施肥是降低空壳率的有效措施，向日葵是喜肥作物，肥料不足不仅对植株发育不利，而且对花器官的形成和发育有直接影响。③人工打杈是减少养分消耗的好办法。向日葵具有分枝特点，特别是食用型品种更为明显，分枝消耗养分，使盘小籽秕。因此，应在分枝芽刚一露头时即去除。

2. 人工辅助授粉　在蜜蜂等昆虫不足的情况下，人工辅助授粉是提高结实率的有效办法。向日葵开花后，花粉的生活力、没有授粉的柱头受精力均能保持 10 天。花粉受精力最强的时期在开花最初 2～3 天，因此，应在向日葵进入开花期 2～3 天时开始进行人工辅助授粉。

3. 适时晚播　在一定温度范围内，气温降低有利于结实率增高，生产中适当调整播种期使开花期避开高温，有利于提高向日葵结实率。

4. 区域化种植　向日葵种植时实行划区种植，既要避免食葵和油葵混种，也要使向日葵种植区域尽量远离蔬菜及棉花集中种植区域，因为这些作物生产过程中使用较多的农药，导致蜜蜂不愿意到其周边的向日葵地块进行活动，直接影响到结实率的提高。

二、种植食用向日葵的选地与土壤耕作技术

（一）选地

宜选择中轻度盐碱地或肥力中等以上的壤土地，土地要平整，易于灌溉；实行三年以上轮作，切忌选重茬和迎茬地，最好选前茬为玉米、小麦和瓜类等的地块；无长效除草剂残留的地块。

（二）土壤耕作

土壤耕作的任务，第一是调节耕层水、肥、气、热的关系；第二是创造深厚的耕层与适宜的播床；第三是翻埋残茬、肥料和杂草；第四是消灭病虫害。

1. 翻耕　为了增加活土层，秋作物收获后进行翻耕，翻耕深度 25 厘米以上，2～3 年翻耕一次。对盐碱地通过深耕可以将上层盐分淋溶到下层，作物前期可以在安全盐碱范围内生长，以提高保苗率。

2. 深松　深松耕只松不翻，可以打破翻耕形成的犁底层，有利于降水入渗，增加耕层土壤持水性能。对盐碱地可以保持脱盐土

层位置不动，减轻盐碱危害。适合于土层深厚的干旱、半干旱地区，以及耕层土壤瘠薄、不宜翻耕的盐碱地、白浆土地区。

3. 旋耕 旋耕既能松土，又能碎土，耕后地面也相当平整，集犁、耙、平作业于一体，旋耕深度12～15厘米。多年连续单纯旋耕，易导致耕层变浅、理化性状变劣，故旋耕应与耕翻轮换应用。

4. 耙地与耱地 耙地主要是浅耕灭茬，破碎垡块或坷垃，破除板结和除草。一般在耕翻后、播种前进行。

耱地可以起到碎土、轻压、防止透风跑墒等作用。耙地、耱地可以同时进行。

5. 作畦与起垄 作畦一般在播种前进行，力求地块大小一致，排灌自如。起垄有利于提高地温，防风排涝，防止表土板结，改善壤土通气性，压埋杂草。

食葵杂交种种子自身的发芽势较弱，饱满度较低，壳大仁小，顶土能力较弱，如果土壤耕作不精细影响播种质量，不能保证全苗。因此，土壤耕作必须做到地平、土碎、上松下实、无根茬。

三、向日葵中耕技术要点

（一）中耕概述

中耕是在向日葵生长期间进行田间管理的重要作业项目，其目的是改善土壤状况，蓄水保墒，消灭杂草，为作物生长发育创造良好的条件。中耕主要包括除草、松土和培土，根据不同品种和各个生长时期的要求，作业内容有所侧重。有时要求中耕、间苗、定苗和施肥同时进行。中耕次数视生长情况而定，一般2～3次。

（二）技术要求

（1）松土良好，但土壤移位小。

（2）除草率高，不损伤向日葵幼苗。

（3）按需要将土培于向日葵根部，但不压倒向日葵。

（4）耕深应符合要求且不发生漏耕现象。

（5）间苗时应保持株距一致，不松动邻近苗株。

（三）中耕方法

第一次中耕：1～2对真叶期结合间苗、定苗进行浅中耕（3厘米左右），铲除行间杂草。采用人力、畜力或机械等中耕，除草效果最佳。

第二次中耕：在定苗后7～8天进行，对保墒、防旱、促苗健壮有良好的作用。人力或机械比较好，畜力易损伤苗。

第三次中耕：在封垄之前中耕深6～8厘米，并可结合追肥、培土进行。

有的土地在播种后、出苗前遇雨等造成表土板结生"硬壳"，影响出苗的，可进行苗前松土破除板结。

盐碱地也易出现返盐伤苗现象，可采用闷锄法，即在出苗前把种芽边的盐碱土浅锄推开，以利出苗。

干旱地要早锄、勤锄、雨后锄，以利蓄水保墒；特别是盐碱地雨后中耕松土可减轻碱害。

四、蜜蜂与向日葵授粉

（一）蜜蜂授粉的重要性

植物界的繁殖方式主要分两种，即有性繁殖和无性繁殖。在有性繁殖中有一部分是风媒花植物，其花小，能产生大量的花粉，花粉黏性小，重量轻，风极易带动花粉在空气中飘动，使植物的花粉落到雌蕊柱头上，完成授粉受精的过程，如玉米、水稻等。还有一部分植物靠动物媒介（即授粉昆虫）传递花粉，来完成授粉受精过程，即虫媒花植物，例如大多数油料作物、大多数蔬菜、大多数果树等。

蜜蜂是授粉昆虫的主力军。据统计在人类所利用的1 300种植物中，有1 100多种植物需要蜜蜂传粉，如果没有蜜蜂授粉，这些

植物将无法繁衍生息。

(二) 蜜蜂授粉的优势

1. 蜜蜂形态结构的特殊性　蜜蜂的绒毛，尤其是头、胸部的绒毛，有的呈分支状或羽状，容易黏附大量的花粉粒。

2. 蜜蜂授粉的专一性　蜂群到一个新的场地后，首先出巢的采集蜂都会将采集到花粉的方位和离蜂箱的距离用跳舞的方式告诉同伴，同伴一传十、十传百，以至全群采集蜂都到同一地点采集同一种植物，直到将这一地点周围的全部花朵都采完才会接受新的信息。

3. 蜜蜂生活的群居性　蜜蜂群体数量越大则群体的生命力越强。在繁殖高峰，一群蜂可达到 5 万～6 万只，一个中等群体有约 3 万只。一只蜜蜂一次出巢可采 50～100 朵花，每天出巢 6～8 次，经过测定一群蜂采集 5 万～5.4 万蜂次。

4. 蜂群的可运移性　蜜蜂经过一天的辛勤采集后，到傍晚都要归巢。当要转移蜂群时，只需前一天晚上关闭巢门，第二天转运即可。

5. 蜜蜂饲料的可储存性　蜜蜂为了生存，有储存花粉和花蜜的习惯。蜜蜂将采到的花蜜或花粉暂存在蜜囊和花粉筐内，采满后飞回巢房脱掉花粉团，吐出花蜜，再次出巢采集，保证了一只蜜蜂可多次出巢为作物授粉。

(三) 向日葵授粉技术

向日葵花序为头状，顶生，俗称花盘。花分为舌状花和管状花，花盘边缘 1～3 层为舌状花，单性不结实，黄色或橙黄色，花瓣大，引诱授粉昆虫授粉。管状花为两性结实花，其授粉特性：向日葵管状花雄蕊先熟，雌蕊后熟，属典型的异花授粉虫媒作物。虽然存在一定的自花授粉能力，但是自花授粉率极低。因此，种植向日葵必须引进蜂源。

（1）向日葵杂交品种花盘的开花持续时间约 10 天。在开花期，一箱 5 万只左右的蜂群可以满足连片种植的 5～6 亩向日葵花授粉，且蜂箱内不得加刮粉板。

（2）蜂箱最好放置在接近水源的向日葵田附近，因为蜜蜂也需要喝水维持旺盛精力。

（3）蜂箱最好距离向日葵地 120 米左右。蜂箱放置距离太近影响授粉质量。

五、向日葵的施肥原则

向日葵测土配方施肥是运用现代农业科技成果，根据向日葵需肥规律、土壤供肥性能及肥料效应，提出按比例施用氮、磷、钾肥和微量元素肥料，达到向日葵高产、优质、高效率、低成本的施肥技术。测土配方施肥，一是要对土壤中的有效养分进行测试，了解土壤养分供应状况；二是要懂得向日葵需肥规律；三是根据测试结果由专家给农户提供配方（氮、磷、钾肥的施用量）；四是由农户根据专家所提供的配方进行科学施肥。测土配方施肥具有针对性，即遵循缺什么肥补什么肥，缺多少补多少的原则，这是提高肥料利用率和向日葵产量的重要途径。

1. 选择合适的施肥技术 作为基肥，可以采用条施、穴施和分层施肥等方法，注意一次肥料用量不能过多。分层施肥法是结合深耕，把缓效肥施入下层，速效性肥料施入上层，各层肥料应分布均匀，这种施肥方式可以满足向日葵各层根系对养分的需求。

2. 有机肥与无机肥配施 有机肥料含有多种营养元素成分、养分全面，供肥持续时间较长，能改善土壤理化性质，提高土壤保肥性能，也是提高土壤供肥能力的基础。有机肥料养分含量偏低，效果慢，持续时间长；相反，无机肥料养分含量高，效果快，持续时间短。所以将两者配合施用，就能取长补短，有利于提高土壤供肥性能，提高肥料利用率。

目前，向日葵施肥的普遍方法是片面施用化肥，这样做的结果是造成土壤板结，土壤酸化、盐碱化，植株病害加剧，不但导致农产品品质下降，过量施用氮肥甚至可能造成产量大幅下降。因此，应大力提倡增施有机肥。有机肥、无机肥配合施用可以收到营养互补、肥效时间互补等效果。增施有机肥可以改良土壤团粒结构，改善土壤通气状况，减轻土壤中厌氧病菌滋生，从而减轻土传病害的发生。另外，有机肥除了提供氮、磷、钾之外，还可补充钙、镁、硫、锌、铁、硼等营养元素，在正常施用化肥的情况下，增施有机肥不仅能提高产量，还能改善农作物品质，提高肥料利用率。

施肥应按照向日葵需肥规律和肥料特点进行，磷、钾肥在土壤中移动较少，不容易淋失和挥发，应该以底肥施入。氮肥容易淋失和挥发，采用分次追肥较好，既能减少挥发损失，提高氮肥利用率，又可收到增产效果。

向日葵苗期吸收养分较少，现蕾至开花期吸收养分最多，约占全部营养物质的 3/4。出苗至现蕾期需磷最多，现蕾至种子成熟期吸收钾最多。为保证向日葵优质高产，籽实饱满，应该注意均衡施肥：施足基肥，重施种肥，短期追肥；前期以磷肥为主，中后期以氮、钾肥为主；磷、钾肥多做基肥或种肥施入，而氮肥做追肥或 1/3 做基肥、2/3 做追肥施入。

氮、磷、钾肥对向日葵的作用各不相同，各自的施用时间也不同，但氮、磷、钾肥相互配合效果更佳。无论是油葵还是食葵，以氮、磷、钾肥配合施用比不施肥增产 37%～53%；氮、磷和氮、钾配合施用增产 26%～31%；钾肥单施效果不明显。这充分说明向日葵氮、磷、钾肥配合，或氮、磷肥，或氮、钾肥配合施用，均可提高肥料的利用率。

有试验结果表明，在盐渍化土壤上，向日葵施用氮肥的增产效果十分明显，而且土壤有效氮含量越低，增产效果越显著，增产幅度在 28.8%～51.8%，施氮肥量以 85～102 千克/公顷为宜。在施用氮肥的同时，配施磷、钾肥增产作用最为明显，且氮肥总量的 1/3 做底肥、2/3 现蕾期做追肥效果最好。

向日葵施钾肥应作为基肥和追肥分两次施入，用量大体各占总施肥量的一半，追肥期以现蕾期前 7 天为宜。

通过合理施肥，可提高向日葵养分吸收量，增强向日葵群体的健壮发育，减少土壤水分蒸发量，增加向日葵蒸腾量，从而有效地提高向日葵水分利用效率，增加向日葵产量和改善向日葵品质。因而推广合理施肥是提高半湿润偏旱区向日葵水分利用效率和产量的重要途径。

六、向日葵的水分管理

向日葵苗期不宜灌溉。蹲苗可以促进根系下扎，增强植株的抗旱能力。在现蕾、开花和灌浆期，如旱情严重（当叶片中午萎蔫而晚上仍不能正常恢复时），应适当灌水。向日葵从出苗到现蕾约 55 天时间，需水量占全生育期需水总量的 19%，现蕾到开花约 17 天，需水量占全生育期需水总量的 43%，这一阶段是向日葵生长的最旺盛阶段，对水分十分敏感，这时如果水分供应不足，可能影响植株生长进而造成严重减产，因此必须灌溉。在灌浆期，叶片中的养分向种子输送时是靠水分携带的，这时如果干旱就可能造成花盘瘦小、空秕粒增多，最终导致严重减产，此时灌水的增产效果明显。

盐碱地种植的向日葵，第一水应早灌溉，一般在 2 对真叶前进行，通过灌溉将聚集在根部的盐分压到根层以下，以利于根系下扎。

向日葵现蕾期是需水肥的关键时期，此时应追肥浇水，肥水同步供应，一般每公顷施尿素 225～300 千克，灌溉水量 450 米^3 左右。此次施肥可加一定量的钾肥，以增强后期叶片功能，提高抗病性，增强茎秆韧性，防止倒伏。结合追肥浇水，在行间进行深中耕，可以提高植株的抗倒伏能力。

七、向日葵缺素症

1. 缺氮　苗期生长不快，植株纤细瘦弱，叶片小且薄，呈黄绿色或浅绿色；生育中期缺氮，下部叶片早期变黄，花盘小，营养器官生长明显变差，造成植株早衰。

2. 缺磷 植株和花发育不良。

3. 缺钾 植株生长缓慢，叶片变黄，叶上现褐色斑点，这些斑点最后干枯成薄片破碎脱落，含油量下降。

4. 缺钙 在形成花前后均出现茎弯曲现象。

5. 缺硫 叶和花序色淡，节间较短，植株矮小。

6. 缺镁 脉间失绿。

7. 缺锰 叶片呈网状失绿。

8. 缺硼 子叶张开后生长点受损或死亡或腋芽萌发形成植株，生长发育不正常，植株矮小，茎秆具褐钩纵带状痕。花盘形成后，支撑花盘的茎失去跟着太阳转的能力，有的花盘总保持低垂，有的花盘总朝天，下部老叶肥厚，暗绿色，上部叶小且卷曲，叶肉失绿，叶脉突出。

9. 缺锌 生长受阻，上位叶黄化坏死。

10. 缺铁 上位叶片全变黄，叶脉仍为绿色。

11. 缺铜 上位叶与花冠畸形。

八、向日葵缺硼管理

（一）症状

向日葵是需硼较多的作物之一，对缺硼较为敏感。一般是幼叶以及生长点首先出现缺绿症状，老叶片仍然为深绿色。叶片基部的生长点停止生长，出现灰色的坏死区域。叶片中央为灰黄色，叶片尖端为绿色。幼嫩的叶片脆性大，容易碎裂。严重缺硼时，幼苗会停止生长，年幼的以及较老的叶片出现块状的缺绿现象，形成水渍状区域，产生坏死。在生长点死亡之前会呈莲座丛状。植株发育不良，茎短粗，叶片较小。植株茎部以及顶部的叶柄处会出现灰色的坏死区域（图9）。

图 9　向日葵植株缺硼症状

（二）发生条件

缺硼症易发生在硼元素被过滤掉的沙性土壤，含游离氧化钙的碱性土壤，有机质含量低的土壤。

（三）管理措施

检测土壤中有效硼的含量，向土壤中施用硼砂、硼酸。一般在出苗后的 5～6 周、开花时，以及症状一旦发生的时候，叶面喷施硼酸。土壤施用硼肥的方式可以使硼肥作用的有效期持续很多年。

九、向日葵产生营养分枝的原因

向日葵在栽培种植过程中，有时会出现分枝现象（俗称发杈）。近几年的连续调查显示，分枝现象发生程度与品种没有直接关系，同一批种子在不同田块表现不同，同一品种不同年份间、同一年份不同地区、同一地区不同地块发生分枝情况均不相同。因此，经业内专家分析，向日葵分枝现象，主要是不正常气候条件、栽培管理措施不当及土壤养分不均衡等所致。

（一）自然界中向日葵的分枝类型

向日葵茎秆分枝类型可分为基部分枝、上部分枝、有主盘全分

枝、无主盘全分枝四种（图10）。

基部分枝 　　 上部分枝 　　 有主盘全分枝 　　 无主盘全分枝

图10　向日葵四种分枝类型

除上述分枝类型外，还有一种特殊的类型，即双头同熟分枝型，也称Y形分枝。Y形分枝源自顶端分生组织的分裂：顶部原体细胞首先解体，靠近原套的细胞随之坏死，接着，周围的分生细胞形成新的顶生分生组织，形成二叉植株。

（二）分枝的遗传机理

向日葵的分枝又可分为遗传性分枝和非遗传性分枝两种类型。遗传性分枝是品种本身具有分枝性状。这类品种，即使在比较干旱瘠薄的环境条件下，叶腋也会长出分枝。非遗传性分枝是因环境条件影响出现的分枝。

基部分枝，是由单显性基因控制。也就是说，只要分枝基因存在就一定会发生基部分枝。

基部分枝、上部分枝、有主盘全分枝、无主盘全分枝这四种分枝类型为等位隐性基因控制。也就是说，只要有等位分枝基因同时存在时才能出现分枝。

栽培类型的向日葵一般是不分枝的。对于向日葵籽实产量形成来说，有分枝不是好的性状。

根据《植物新品种特异性、一致性和稳定性测试指南　向日葵》（NY/T 2433）规定，对于生产中主推的合格向日葵品种出现的分枝，是由腋芽分化形成的营养型分枝，并不属于真正意义上的分枝。这种营养分枝是由于栽培环境胁迫及不合理的栽培等农事作业造成的。

（三）营养分枝出现的原因

营养分枝是由营养失衡造成的腋芽分化现象。

根据向日葵的解剖学原理以及作物生理生化原理，当人为或其他因素造成主生长点受伤时，营养成分及激素调节将促使腋芽萌发，向日葵的腋芽处就会有营养枝出现。由于全部营养都运输到营养枝上继而发育成分枝。因此，向日葵腋芽上的叶原基在向日葵的营养生长过程中会因营养条件、外界栽培方法的改变而发生变化。所有向日葵品种都有出现营养枝的可能。

（四）环境胁迫与种性的延续

就生物的种性而言，当自然界的环境条件（小气候、土壤营养失衡现象）不适宜作物生长时，在环境的胁迫下（不合理的栽培方法），物种的种性决定本来处于休眠状态的腋芽自身打破休眠开始分化，以保证在主生长点受抑制时，通过腋芽开花结实来保证在本生长期种性的延续。而且这种腋芽分化是不可逆转的，这就是为什么同一品种种植在不同的地块及由不同的农民管理会在营养枝问题上结果完全不同。

（五）导致出现营养枝的因素

1. 低温冷害　生育前期低温冷害，造成生长发育迟缓，易产生分枝。

2. 不合理灌溉　8~12片叶期间及现蕾前，在一定的干旱过程后，突然灌水或降雨会造成营养运输失衡，引发及促进腋芽分化，长出分枝。

3. 田间作业失误　在耕作过程中，农机具（犁铧）造成向日葵须根受损时，可能出现分枝。因为向日葵根系的发育与地上部分的发育通过维管束相互影响。

4. 营养不足　土地瘠薄，单株营养面积失衡也是造成营养枝出现的重要外界条件。

5. 施肥不当　不平衡的施肥方法也可能造成营养枝出现。如播种不带种肥，苗期不松土、不追肥、定苗过晚等使植株在营养生长阶段不能正常发育。株高 0.8～1.2 米即开花，限制了株高增长，再采取一炮轰的大水大肥方式，常造成分枝。

6. 土壤缺硼　土壤缺硼主茎生长不良，腋芽随之分化，造成分枝。

（六）控制营养枝的措施

（1）选择适宜土地，适时冬灌，确保充足底墒。

（2）有条件的地方适时轮作，防止供肥单一，减少病虫害发生。

（3）施足底肥，底肥以有机肥、磷肥为主。带足种肥，与种子分沟施入，过磷酸钙不少于 5 千克/亩，尿素不少于 3 千克/亩。

（4）及时定苗、中耕松土、追肥，促使幼苗早生快发。2 对真叶时必须完成定苗和第一次中耕除草，最后一次中耕必须在苗高 50 厘米前完成。

（5）适时开沟进头水。开沟后视苗情决定是否进头水，正常情况下以现蕾后进头水为宜，如遇旱可适当早进水。要注意 8 片真叶至现蕾期间不能严重干旱，10 厘米耕层的水分不能低于该土壤最大持水量的 40%，低于该标准必须灌水。

（6）加强田间管理，及时防虫、除草，作业时尽量减少机械损伤。

（7）大营养枝用剪刀剪除，小的用手抹掉。对于多数较小的营养枝，在花盘膨大期需要大量养分时，养分会流回主茎，营养枝自动收缩枯萎，不会影响产量。较小的营养枝也可以不用去除。

十、向日葵的除草剂使用

农田杂草与农作物争肥、争水、争光，传播病虫害，分泌有毒物质，是导致农作物减产、影响产品品质的主要因素之一，特别是大面积集约化种植模式下，有效灭除田间杂草显得尤为关键。目前最有效、最便捷的方法就是使用化学除草剂。

（一）影响除草剂药效的因素

影响因素主要有用药时间、施药量、施药方法、土壤质地与有机质含量、土壤水分、土壤微生物及气象因素等。除草剂只有在土壤中处于溶解状态才能被植物有效吸收而发挥作用。在一定的范围内，土壤含水量越大，溶解的药量也越多。

（二）除草剂药害产生的原因

（1）除草剂药液雾滴的挥发与飘移。在喷雾过程中，一般挥发性强的除草剂通过雾滴挥发及飘移，使邻近向日葵受害。

（2）土壤残留药剂对后茬作物造成危害。有些除草剂在土壤中残留的时间较长，结果造成后茬作物受害，如玉米地应用莠去津、嗪草酮，大豆地应用氯嘧磺隆后，翌年播种向日葵造成药害。

（3）除草剂混用不当造成药害，如向日葵播前二甲戊灵与扑草净混用，会严重伤害向日葵幼苗。

（4）施用技术不熟练，喷洒相邻处重叠，喷嘴漏滴等，造成局部喷液量过多，使向日葵受害。

（5）误用和过量使用药剂，以及喷药时期不当造成药害。另外，异常的气候条件等影响药害的产生。

（三）向日葵常用除草剂及注意事项

1. 48%氟乐灵乳油　该药剂是选择性芽前土壤处理剂，在向日葵播前施药。正常肥力壤土地块用药量 1.5～2.25 升/公顷，喷液量 450～600 升/公顷，土壤质地疏松、有机质含量低用低药量，土壤质地黏重、有机质含量高用高药量。氟乐灵易挥发、光解，施药后要及时耙地混土，最好在 8 小时内完成该作业。

2. 96%异丙甲草胺乳油　该药剂在向日葵播后苗前施用。使用时应考虑向日葵田土壤性质、有机质含量和田间小气候等情况，然后确定最佳用药量。一般地块推荐用药量 1.5～1.95 升/公顷，兑水 675 升/公顷。沙土地有机质含量低，用药量1.05～1.5升/公顷即可达到较好的防除效果。

土壤水分、空气相对湿度较高时，有利于杂草对精喹禾灵的吸收和传导。长期干旱无雨、低温和空气相对湿度低于 65％时不宜施药。一般选早、晚施药，10：00～15：00 不应施药。施药前应注意天气预报，保证施药后 2 小时内无雨。长期干旱的土地，若近期有雨，待雨后田间土壤水分和湿度改善后再施药，或有灌水条件的在灌水后再施药。虽然施药时间拖后，但药效比雨前或灌水前要好。

施药时注意风速、风向，不要使药液飘移到小麦、玉米、水稻等禾本科作物田，以免造成药害。

十一、向日葵主要地下害虫防治技术

地下害虫是一类危害植物根、近地面茎和叶的害虫，对农作物尤其是春播作物危害很大，植物受害后轻者萎蔫，生长发育迟缓，重者干枯死亡，往往造成田间缺苗断垄。

由于这类害虫大部分时间躲在地下活动，具有很强的隐蔽性。并且常常是多种类混合发生，防治难度很大。如果疏忽大意错过防治的最佳时期，就会给农业生产造成严重损失。

地下害虫有十多类，200 多种。目前主要有蛴螬、蝼蛄、金针虫、地老虎、拟地甲、根蛆、根蝽、蟋蟀、根叶甲、根象甲、白蚁等。其中蛴螬、金针虫、地老虎和蝼蛄这四种发生最为严重，危害最大。

（一）蛴螬

蛴螬是金龟子的幼虫，别名白土蚕、核桃虫。金龟子常见的有黑绒金龟子、黑腮金龟子、铜绿丽金龟子（图 11）。蛴螬体肥大，弯曲呈 C 形，多为白色，少数黄白色，头部褐色（图 12）。

图11　金龟子

图12　蛴螬

1. 发生规律　从卵、幼虫、蛹、成虫完成一个世代，黑腮金龟子需要2年，黑绒金龟子和铜绿丽金龟子需要1年。以成虫或幼虫在30厘米冻土层中越冬。

（1）幼虫越冬。4月越冬的幼虫上升到根层进食危害，5月下旬至6月上旬在土层5厘米处化蛹，蛹期20～22天。6月下旬至7月上旬羽化为成虫，成虫寿命26天。成虫出土后交尾，产卵在10～20厘米的浅土层，卵经过10～12天孵化为幼虫，刚孵化的幼虫在土层中经过3次蜕皮，10月下旬入冬前达到三龄下潜到冻土层下越冬。

（2）成虫越冬。在每年的4～6月，越冬的成虫陆续出土交尾、产卵、孵化。在1年1代发生区，8～10月羽化为成虫越冬。在2年发生1代的地区，幼虫生长发育慢，第一年以三龄幼虫越冬，第二年6～7月羽化为成虫，又开始新的生命周期。

2. 危害特点　蛴螬在一至二龄时食量较小，三龄期以后食量大增，常将种芽咬掉，幼苗根和茎咬断，造成缺苗断垄。通常的危害多集中在春、秋两季，而春季4～5月由于种子处在发芽出苗阶段，小苗抗虫能力弱，危害最为严重。

成虫金龟子喜欢取食瓜菜、果树等的花瓣，危害期在6～7月。根据蛴螬发生规律和危害特点制定防治策略，春秋两季防幼虫，6～7月防成虫。

（二）蝼蛄

蝼蛄俗称土狗子，属于直翅目蝼蛄科（图 13）。我国常见的有华北蝼蛄、东方蝼蛄两种，华北蝼蛄主要发布在我国长江以北的地区，东方蝼蛄在全国大部分地区均有发布。

图 13　蝼蛄成虫

1. 发生规律　蝼蛄从卵、若虫、成虫完成 1 代。华北蝼蛄需要 3 年，东方蝼蛄在南方需要 1 年，而在北方需要 2 年。以成虫、若虫在地下 30～60 厘米的深处越冬。

以华北蝼蛄为例介绍其发生规律，每年的春天当平均气温达到 11.5℃左右时，蝼蛄到地表活动，地面开始出现蝼蛄拱出的虚土隧道。6 月下旬在地下 15～25 厘米土层产卵，每次产卵 120～160 粒，7 月中下旬卵孵化成若虫。若虫经过 8 次蜕皮后在 10 月中下旬下潜越冬，第二年在表土层继续蜕皮 3～4 次，到秋季达到十二至十三龄时再下潜越冬，第三年羽化为成虫下潜到深土层中越冬。这样经过 3 年，华北蝼蛄就完成了一个世代周期。

2. 危害特点　月平均温度达到 18℃时，是蝼蛄旺盛活动期，也是危害最严重的时期。所以，每年的 5 月上旬至 6 月中旬，以及 9 月是蝼蛄危害的高发期。蝼蛄的成虫或若虫在地表下活动咬食刚发芽的种子，或把作物幼苗嫩茎咬断，使植株发育不良或枯死。同时，蝼蛄在地表层穿行时形成隆起隧道，使幼根脱离土壤失水凋枯死亡。农彦常说："不怕蝼蛄咬，就怕蝼蛄跑。"根据蝼蛄发生规律和危害特点应把防治时间放在每年的春、秋两季。

（三）金针虫

金针虫的成虫为叩头虫，属鞘翅目叩甲科（图14）。主要分布在我国的北方地区，最常见的种类有沟金针虫、细胸金针虫、褐纹金针虫。

1. 发生规律　金针虫从卵、幼虫、蛹、成虫完成1个世代需要2～3年。通常以成虫或幼虫在土中越冬。成虫于每年的3～4月在表土层产卵，卵发育成幼虫需要42天，幼虫经过1～2年的生长发育，在每年的6月下旬在地表16～20厘米

图14　金针虫幼虫

深的土中做土室化蛹。9月中旬蛹开始羽化为成虫，并在原蛹室中越冬。

金针虫在土中的活动规律随着地表温度的变化而上下垂直运动，适宜的温度为9～28℃，10～17℃时活动危害最猖獗。当地表温度低于9℃或高于28℃时金针虫都会下潜至土层深处。

2. 危害特点　金针虫食性较杂，主要以幼虫在土中蛀食种子、生长的幼芽、幼苗的根系，使作物萎蔫枯死，造成缺苗断垄，甚至全田毁种。每年的春季是其危害的主要时期，也是防治的最佳时期。

（四）地老虎

地老虎别名切根虫、地蚕等，成虫属鳞翅目夜蛾科（图15）。地老虎在我国已发现170多种，分布在全国各地。其中小

图15　地老虎幼虫

地老虎、黄地老虎发生最广，危害也最严重。

1. 发生规律 小地老虎和黄地老虎的世代发生规律基本一致，从卵、幼虫、蛹、蛾完成1代。东北地区1年可发生2代；西北地区1年发生2~3代；华北地区1年发生3~4代；华中地区1年发生5代；华南地区1年发生6代，年发生代数由北向南逐代递增。

地老虎的越冬方式随地区的不同有较大的差异，小地老虎在长江流域能以老熟幼虫、蛹及成虫越冬，在广东、广西及云南等南方地区无越冬现象，可全年繁殖。在北纬33°以北的地区不能越冬，到秋季成虫迁飞到南方越冬，每年的春天再由南方迁飞而来。黄地老虎则以幼虫在10厘米以内土层越冬。

地老虎的成虫把卵多产在5厘米以下的矮小杂草上，尤其是贴近地面的叶背和嫩茎上。每次产卵800~1000粒，卵期11天左右。幼虫共6龄，约35天。幼虫老熟后多潜伏在5厘米深土层中化蛹，蛹期约15天。

2. 危害特点 地老虎是以幼虫危害作物，一年无论发生几个世代都以当地发生的第一代给生产上造成的危害最大。一般三龄前危害较小，幼虫只是在寄主心叶处取食，危害部位展叶后成窗纸状孔或排孔。三龄后食量暴增，危害较大，幼虫多咬断植株茎基部将幼苗拖入土中进食。1头幼虫多的时候可以危害10株幼苗。根据地老虎发生规律和危害特点在防治时要注重幼虫、成虫同时防治。

（五）地下害虫防治技术

地下害虫是国内外公认的较难防治的一类害虫，需要采取预防为主、综合防治的技术措施。在实施化学防治的同时要注意结合农业防治、物理防治和生物防治，做到地下害虫地上治，成虫、幼虫结合治，田内、田外同时治。使地下害虫的危害程度控制在经济允许的水平以下。

1. 农业防治 农业防治措施可以创造有利于作物生长而不利于害虫生长的生态环境。能够控制虫口密度，从而达到减轻地下害虫危害的目的。要注重以下几方面的工作：

（1）深翻土地。秋天农作物收获后要深翻土地，翻地晒垡，将土面翻松深至 25～30 厘米，使地下害虫及其卵裸露在地表被晒死、冻死，或被天敌啄食。

（2）使用腐熟的有机肥。蛴螬、蝼蛄对未腐熟的有机肥有较强的依附性，要禁止使用。

（3）提早播种。春播作物尽量提早播种，使出苗阶段避开地下害虫危害高峰期，从而达到减轻危害的目的。

（4）铲除田园及周围杂草。铲除田间及周围杂草可以清除地下害虫产卵的场所，切断幼虫早期的食料，减少虫源。同时还可以直接清除杂草上的卵和幼虫。

2. 物理防治　物理防治最大的优点是不污染环境，是综合防治中的重要方法。常采用以下几种方法：

（1）黑光灯诱杀。金龟子、地老虎等的成虫对黑光灯有强烈的趋向性。成虫盛发期，在农田周围放一些黑光灯诱杀，可以降低下一代的虫口发生数量。

（2）鲜马粪诱杀。利用蝼蛄趋向马粪的习性，在田间挖垂直坑放入鲜马粪诱其入内，收集起来集中杀灭。

（3）糖醋液诱杀。在春季用糖、醋、水按 1：3：10 的比例配成糖醋液，再将糖醋液和 90％的敌百虫溶液按 20：1 的比例混合均匀，倒入盘中，于晴天的傍晚放在农田的不同位置进行诱杀。每亩放置 3 盘，次日取回，可有效诱杀金龟子、地老虎等。

（4）毒饵诱杀。每亩用碾碎炒香的麦麸 5 千克，90％的敌百虫 50 克及少量水拌匀，将其倒入盘中，一般在 17：00 前放入田间，次日清晨收集被诱害虫并集中处理。对蝼蛄、地老虎的防治效果很好。

还可以利用地老虎的幼虫喜欢在灰菜、苋菜、小旋花和狗尾草等鲜草堆下栖息取食的习性，将这些鲜嫩草用 90％敌百虫 500 倍液喷洒后制成毒草，于傍晚分成小堆放置田间附近进行诱杀。每亩用毒草 10～15 千克。

十二、向日葵白星花金龟危害防治

(一)危害特点

白星花金龟成虫（图 16）取食向日葵、玉米、蔬菜、果树的花器。危害玉米时成虫食害花丝，危害向日葵花盘，致花盘腐烂。

图 16　白星花金龟成虫

(二)形态特征

成虫体长 17～24 毫米，宽 9～12 毫米。椭圆形，具古铜色或青铜色光泽，体表散布众多不规则白绒斑。唇基前缘向上折翘，中凹，两侧具边框，外侧向下倾斜；触角深褐色；复眼突出；前胸背板具不规则白绒斑，后缘中凹；前胸背板后角与鞘翅前缘角之间有 1 个三角片甚显著，即中胸后侧片；鞘翅宽大，近长方形，遍布粗大刻点，白绒斑多为横向波浪形；臀板短宽，每侧有 3 个白绒斑呈三角形排列；腹部 1～5 腹板两侧有白绒斑；足较粗壮，膝部有白绒斑；后足基节后外端角尖锐；前足胫节外缘 3 齿，各足跗节顶端有 2 个弯曲爪。

(三)生活习性

每年发生 1 代。成虫于 5 月上旬开始出现，6～7 月为发生盛期。成虫白天活动，有假死性，对酒醋味有趋性，飞翔力强，常群聚危害留种蔬菜的花和玉米花丝，产卵于土中（图17）。幼虫多以腐败物为食，以背着地行进。

图17　白星花金龟危害向日葵

（四）防治方法

在白星花金龟初发期往向日葵或玉米上、附近树上挂细口瓶，用酒瓶或清洗过的废农药瓶均可，挂瓶高度1～1.5米，瓶里放入2～3只白星花金龟，待田间的白星花金龟飞到瓶上时，先在瓶口附近爬行，后掉入瓶中。每亩可挂瓶40～50个，捕杀白星花金龟效果优异。

十三、向日葵菌核病的发生规律

向日葵菌核病病原菌主要以菌核在土壤内、病残体中或夹杂在种子间越冬。菌核经3～4个月的休眠期，就可以萌发。菌核有两种萌发方式，产生侵染菌丝或子囊盘。春季温度适宜，土壤较干燥时，土壤内的菌核萌发，产生侵染菌丝，侵入根部，造成根腐，继而病原菌上行进入茎部，导致茎基部腐烂和病株萎蔫死亡。病原菌还借助植株间根系的接触而侵染邻近植株，使病株不断增多，发病区段迅速扩大。

春季气温回升至 5℃ 以上，土壤潮湿时，土壤中的菌核萌发，产生子囊盘而突出地面。以这种方式萌发的菌核大多分布于土壤表层 1～3 厘米内，埋深 7 厘米以上的菌核就很难以这种方式萌发。子囊盘内产生子囊和子囊孢子。子囊孢子成熟后被弹射释放到空气中，随气流传播，落在向日葵植株上。有人测得子囊孢子随着气流传播的距离至少可达 1 600 米。植物体表有水膜存在时，子囊孢子萌发，产生芽管，由伤口侵入，引起茎腐、叶腐或盘腐。核盘菌也能侵入种子，造成种子内部带菌。播种带菌种子，可发生芽死、苗腐或幼苗立枯病。

核盘菌可在死亡或衰老的植物组织上存活繁衍。在病株枯死的根上、茎秆表面、茎秆内部以及腐烂的花盘中，都能产生许多菌核。一个病株可产生 25～100 个菌核。菌核着落于土壤，或随病残体进入土壤，就能成为下一季作物发病的菌源。菌核可随风雨、灌溉水、土壤、农机具在田块间传播，也可夹杂在种子间远程传播。

菌核在土壤中可存活多年，土壤中菌核数量越多，发病就越重，该田块保持致病能力的年限也越长。连作田土壤中菌核量大，发病重，换种核盘菌的非寄主作物后，土壤中菌核数量逐年下降，发病率也随之降低。

土壤温度和湿度也是影响发病的重要因子。核盘菌生长的温度范围为 0～37℃，最适温度为 25℃。菌核形成的温度为 5～30℃，最适温度 15℃。形成子囊盘的温度为 0～35℃，在 5～10℃ 时萌发最快。病原菌侵入适温为 15～18℃。春季低温多雨，土壤湿度高，根腐、茎基腐发生重，花期 7～8 月多雨高湿，适于子囊孢子侵染，盘腐严重。若适期晚播，错开雨季，就能减轻发病。

播量过大，植株密度高，有利于病原菌传播致病，发病较重。种植较密时，病株倒伏也增多。

十四、列当的防治技术

向日葵列当又称高加索列当、毒根草，是一种典型的根寄生杂草。本身没有根，只有称为吸盘的寄生根。吸附在向日葵根际，依靠吸附向日葵的营养和水分而生活。使整个苗株不含叶绿素、不能进行光合作用，在根外发育成膨大部分，并长出一根高30厘米左右、多肉、淡黄色、鳞片状叶，并且有穗状花序，每朵花生有一个蒴果，内含1 000粒左右极小的种子。目前，列当被国家列为检疫对象之一。

（一）危害症状

向日葵被列当寄生后，体内养分和水分被列当夺走，因此生长缓慢，茎秆又矮又细，花盘瘦小，瘪粒增多，使产量和品质严重下降。受害严重的花盘凋萎干枯，整株枯死（图18）。

图18　列当田间危害症状

（二）发生特点

大量小如粉尘的列当种子常混在向日葵种子中传播到远方，也可借气流和水流和人畜农具传播到其他地块。列当种子通常是落到土壤中越冬，是以土壤传播为主，少量混杂在向日葵种子中越冬。翌年随着气温和地温的升高，陆续发芽出土。发芽后长出线状纤细的幼芽，探遇到寄主的根系，便生出吸根插入寄主根内，直达木质部。逐渐膨大呈现瘤状，从瘤体上面长出茎秆，伸到地面形成幼苗，进行危害。潜伏在土壤中的种子，环境条件不适宜时，不能萌发，能保持生活力8～10年。

（三）防治方法

（1）加强植物检疫工作，禁止疫区向日葵种子外运。

（2）选用并培育抗列当的品种。

（3）实行6～7年的轮作，以减低土壤中列当种子的含量。

（4）向日葵开花后到种子成熟前，连续数年坚持进行2～3次中耕除草，可彻底消灭列当危害。在向日葵生育后期增加锄草次数，对消灭列当也有效。

（5）在列当开花之前，连根拔除销毁，不使其结实。

（6）药剂防治。选用浓度为0.2%的二硝基邻苯酚水溶液，在列当苗大量出土时，喷洒在向日葵根部及附近表土，每亩喷稀释药液300升，喷后10～15天出土的列当可全部死亡。

（7）可在向日葵列当严重的部位撒上碳酸氢铵，3～5天会使部分列当死亡。

（8）列当刚刚发生时大水灌溉也可减少列当数量。

十五、插盘晒晒向日葵好处多，效益高

近年，此种收割方法在各个向日葵种植地区迅速兴起，与传统向日葵秋收法相比，该种做法优点较多。

（一）降低了向日葵秋收的劳动强度

动作简单易学，一削、一砍、一插，动作干净利落，优美到位，可明显降低向日葵收获的劳动强度。

（二）提高了向日葵秋收的劳动效益

主要表现为节约了劳动时间，省去了传统晒晒的翻葵盘时间，遇阴雨天要遮盖等工作，插盘晒晒不怕风、不怕雨，通风透气性能好，晒晒时间短、效果好，不霉变、不脱皮，可提前上市，抢占高价市场，减少损失，提高经济效益。

（三）占地少，动作快，占尽市场先机

该方法无须晾晒场地，用该方法收获的向日葵机械脱粒效率高，可在售前脱粒，为农户节省时间。过去讲"夏田上了场，秋田入了仓"，是广种薄收，是一个"收"字，现在则是"夏田龙口夺食，秋田粒粒归仓"，是高效出手，是一个"售"字。插盘晾晒法不仅赶得上行情，还能抢占市场先机，能让好商品获得更高的价格，相比之下，比普通晾晒向日葵效益高 200～300 元/亩。

十六、向日葵收获的最佳时期及收获方式

向日葵适时收获非常关键。收获过早会影响饱满度，过晚会发生落粒，还会遭受鸟害、鼠害。从植株的外部形态来看，葵盘背面和茎秆变黄，籽粒变硬（含水率 30％左右），大部分叶片枯黄脱落，托叶变成褐色，舌状花已脱落，这是收获的适宜时期。适期收获既可减少晾晒的时间，又可提高籽实的饱满度，从而达到增产、增收的目的。目前收获向日葵多数还是手工操作，人工将植株割倒，然后割盘，或者直接站秆割盘，葵盘收回后可用脱粒机脱粒，或人工用木棍击打脱粒，脱粒后必须及时晾晒，防止堆积发热变质。

十七、食用向日葵滴灌种植技术

（一）播前准备

1. 土地选择　选择土质疏松、土层深厚、肥沃的壤土、沙壤土种植，黏重的土壤也可以。食葵忌重茬，前茬作物不宜是油葵、油菜、大豆等作物。

2. 施肥整地　前茬作物收获后，秋耕蓄水灌溉，重耙灭茬，全层施肥，每亩施有机肥 1 000～2 000 千克，随犁地翻入耕作层，翻地深度 25～30 厘米。春季整地要达到墒、松、碎、齐、平、净六字标准，以松、碎为基础，在山区和风区不以墒为主，靠浇水

或滴水出苗，因原墒无法出全苗。播前结合整地进行化学除草，亩用除草剂氟乐灵（防除列当效果好于其他除草剂）150～200毫升，兑水 30～50 千克喷洒土壤表面，并及时在 8 小时内整地，防止光解。

3. 种子准备　选择高产、抗病、抗倒、品质优良的品种。

4. 播前晒种　晒种 1～2 天，未包衣的种子用 40％辛硫磷 150毫升，兑水 5～7.5 千克，拌种 25～30 千克进行种子处理。预防菌核病可用 50％多菌灵 500 倍液浸种 4 小时。包衣种子可直接播种。

（二）播种

1. 播种时间　当 10 厘米地温连续 5 天稳定通过 5～8℃时即可播种。

2. 播种方式　采用气吸式膜上精量点播机或精量点播。行距采用 40 厘米、80 厘米宽窄行，株距 60 厘米。

3. 播后质量　播行端直，行距均匀，做到齐、紧、实，到头到边、无断条。

（三）田间管理

1. 播后工作　播后及时进行查种、查膜、查带、补种、补膜、补带等工作。

2. 滴水出苗　播种后及时滴出苗水补墒，亩滴水量 15～20米^3，风大、干旱时可多次滴水，确保出全苗，但不能积水。

3. 及时定苗　出苗后应及时查苗、补苗。1 对真叶时开始定苗，2 对真叶时定苗结束，不留双株。亩保苗 2 000～2 400 株。

4. 中耕除草　全生育期中耕 3 次左右，5 片真叶前要求深中耕 14～16 厘米，5 片真叶后要求浅中耕，深度 10～12 厘米，不求深，只求除草松土；第二次中耕在株高 8～12 厘米时进行，不伤苗、不埋苗、不压苗。伤根不利于向日葵生长发育，易造成倒伏。向日葵要求幼苗期深中耕、中后期要浅中耕，这一点与其他作物不同。

5. 科学运筹水肥 苗期要控制灌水，蹲苗至真叶发黄萎蔫为止。根据本地气候特点，一般要蹲苗 40 天。向日葵在现蕾和初花期进行灌溉（下部叶片干枯、黄叶出现时），亩用水量 40~50 米^3，整个生育期灌溉 3 次左右。灌溉原则为：头水透、中间多、末尾少。中后期灌溉要结合天气预报，预防刮风、下雨天气，严防倒伏。后期灌溉切不可浇透，应旱了再浇，否则易造成大面积倒伏和菌核病的发生。

第一次施肥在食葵现蕾期滴施尿素 8 千克/亩，水溶性磷酸二氢铵 3 千克/亩，硫酸钾 1~2 千克/亩；第二次在花期滴施尿素 5 千克/亩，水溶性磷酸二氢铵 3~5 千克/亩，滴肥后 2~3 小时再另滴微量元素肥料 200~400 克/亩，以硫酸锌、硫酸锰为主；第三次在灌浆期滴施尿素 5 千克/亩。

6. 放蜂授粉 放蜂授粉的食葵可增产 35%~45%，提高结实率可达 70%，没有放蜂授粉的结实率只有 30%左右；人工授粉也可较大地提高结实率。

(四)病虫草害防治

1. 利用滴灌技术施药防治土壤中菌核病 多采用多菌灵、敌磺钠、五氯硝基苯、甲基硫菌灵等。在苗期、蕾期滴水时，在肥料罐中每亩加 300 克以上杀菌剂，也可在苗期、蕾期用 50%甲基硫菌灵可湿性粉剂 800 倍液，或 70%百菌清可湿性粉剂 600 倍液，或 80%代森锰锌可湿性粉剂 500 倍液，或 25%三唑酮可湿性粉剂 2 000 倍液等化学药剂交替喷雾防治。

2. 向日葵寄生杂草列当的防治 出苗后，结合第一、二次滴灌每亩滴施氟乐灵 150~200 毫升，可防止列当种子萌发，也可防治其他杂草。也可采用草甘膦对出苗的列当进行涂抹杀灭。

(五)收获晾晒

将成熟的向日葵花盘砍下，茎秆留 1 米高度砍成斜茬口，将花盘插到斜茬上，正面向上，晾晒 7~10 天，就可收获、筛选、包装。

马 铃 薯 篇

一、营养元素对马铃薯的作用

(一)营养元素对马铃薯生长的重要性

1. 氮素 作物产量来源于光合作用,施用氮素能促进植株生长,增大叶面积,从而提高叶绿素含量,增强光合作用强度,从而提高马铃薯产量。氮素过多,则茎叶徒长,熟期延长,只长秧苗不结薯;氮素缺乏,植株矮小,叶面积减少,严重影响产量。

2. 钾素 钾可加强植株体内的代谢活动,增强光合作用强度,延缓叶片衰老。增施钾肥,可促进植株体内蛋白质、淀粉、纤维素及糖类的合成,使茎秆增粗、抗倒,并能增强植株抗寒性。缺钾植株节间缩短,叶面积缩小,叶片失绿、枯死。

3. 磷素 磷可加强块茎中干物质和淀粉积累,提高块茎中淀粉含量和耐储性。增施磷肥,可增强氮的增产效应,促进根系生长,提高抗寒抗旱能力。磷素缺乏,则植株矮小,叶面皱缩,碳素同化作用降低,淀粉积累减少。

4. 微量元素 锰、硼、锌、钼等微量元素具有加速马铃薯植株发育、延迟病害出现、改进块茎品质和提高耐储性的作用。

(二)马铃薯的需肥特点

马铃薯整个生育期间,因生育阶段不同,其所需营养物质的种类和数量也不同。幼苗期吸肥量很少,发棵期吸肥量迅速增加,到结薯初期达到最高峰,而后吸肥量急剧下降。各生育期吸收氮(N)、磷(P_2O_5)、钾(K_2O)三要素,按占总吸肥量的百分数计算，发芽到出苗期分别为 6％、8％和 9％，发棵期分别为 38％、34％和 36％，结薯期分别为 56％、58％和 55％。三要素中马铃薯对钾的吸收量最多，其次是氮，磷最少。

（三）马铃薯施肥方法

1. 基肥 包括有机肥与氮、磷、钾肥。马铃薯吸取的养分有 80％靠底肥供应，有机肥含有多种养分元素及刺激植株生长的其他有益物质，可于秋冬耕前施入以达到肥土混合，如冬前未施，也可春施，但要早施。磷、钾肥要开沟条施或与有机肥混合施用，氮肥可于播种前施入。

2. 追肥 由于早春温度较低，幼苗生长慢，土壤中养分转化慢，养分供应不足。为促进幼苗迅速生长，促根壮棵，为结薯打好基础，强调早追肥，尤其是对于基肥不足或苗弱小的地块，应尽早追施部分氮肥，以促进植株营养体生长，为新器官的发生分化和生长提供丰富的有机营养。

发棵期，茎开始急剧拔高，主茎及主茎叶全部建成，分枝及分枝叶扩展，根系扩大，块茎逐渐膨大，生长中心转向块茎的生长，此期追肥要视情况而定，采取促控结合的方法协调施肥。为防止因养分大量消耗在营养器官导致的茎叶徒长，适时进入结薯期以提高马铃薯产量。发棵期原则上不追施氮肥，如需施肥，发棵早期或结薯初期结合施入磷、钾肥，追施部分氮肥。此外，为补充养分不足，以后可叶面喷施高氮水溶肥或磷酸二氢钾溶液。

二、马铃薯连作障碍的原因及对策

（一）连作障碍产生的原因

1. 化学危害 一般指马铃薯植株营养物质的偏耗。

2. 生物危害 连作加重寄生性杂草危害和加快某些专一性病虫害蔓延速度；土壤微生物种群单一化；土壤酶活性降低（如大豆连作磷酸酶和尿酶活性降低）。

3. 土壤物理结构的危害 长期连作会导致土壤物理性状显著恶化，不利于同种作物的生长。

（二）应对连作障碍的对策

主要采用的技术手段如下：

1. 土壤杀菌、消毒 可有效防治土壤中的根腐病、枯萎病。

2. 种子处理 使用缓控释农药等进行拌种，使其缓慢释放药物，提升种子的抗病、抗逆能力。

3. 杀线虫剂 缓控释制剂可有效、长时间的抑制、杀灭土壤中的根系线虫。

4. 拮抗生物菌 在土壤中施药，有益微生物随有害微生物一起被杀灭之后，必须在土壤处理后增施一定的拮抗生物菌，通过与土壤病原菌竞争养分或空间从而降低土壤病原菌的密度，保证土壤的健康环境。

5. 土壤调理剂 富含生物活性有机物质，可有效缓解土壤次生盐渍化及酸化，也可增施有机肥、土壤改良剂等。

6. 降低化感物质作用 确定土壤中与作物生长相关的化感物质，添加其降解物质，降低作物的自毒作用。

7. 元素补充 根据土壤条件及作物需肥规律调整元素搭配，确保大、中、微量元素平衡。

8. 根际调控 能充分调节根系的功能，使根系发达、强壮、健康，能自动从土壤中寻找养分，有抑制病菌的作用。

三、马铃薯枯萎病防治

近年来，马铃薯枯萎病在各地都有发生，部分地区发生严重，因此了解此病的发病条件及防治措施十分有必要。

1. 致病病原 尖镰孢，属半知菌亚门真菌。

2. 发病条件 地势较低，土质黏重，雨后易积水，种植密度过大，田间通透性差，管理粗放，缺肥、缺水，植株长势差，发病重。

3. 传播途径　病菌以菌丝体或厚垣孢子随病残体在土壤中或在带菌的病薯上越冬。翌年条件适宜时病部产生分生孢子借雨水或灌溉水传播，从伤口侵入。

4. 发病症状　为系统侵染性病害，发病初期地上部出现萎蔫，剖开病茎，薯块维管束变褐，湿度大时，病部常产生白色至粉红色菌丝。

5. 防治方法

（1）与禾本科作物轮作 2 年以上。

（2）选择地势较平坦、不易积水的地块进行栽培，合理密植，加强肥水管理，促进植株健壮生长，雨后及时排除田间积水。

（3）收获后及时清除田间病残体。

（4）化学防治。发病前至发病初期，可采用 5％丙烯酸·噁霉·甲霜水剂 800～1 000 倍液，或 80％多·福·福锌可湿性粉剂 500～700 倍液，或 5％水杨菌胺可湿性粉剂 300～500 倍液，或 50％苯菌灵可湿性粉剂 1 000 倍液＋50％福美双可湿性粉剂 500 倍液，或 70％福·甲·硫黄可湿性粉剂 800～1 000 倍液灌根，每株灌药液 300～500 毫升，视病情隔 5～7 天再灌 1 次。

四、马铃薯储藏病害及其防治措施

马铃薯在储藏中经常受到干腐病、软腐病、环腐病、湿腐病、坏疽病、红腐病、粉红芽眼病、黑胫病及黑心病等真菌性、细菌性病害和生理性病害的危害而造成重大损失。因此，做好马铃薯储藏期病害防治至关重要。

（一）病害种类及症状特点

马铃薯储藏期病害病原不同，类别不一，发病的症状特点也不一致。普遍发生的病害主要有 6 种，真菌性病害：干腐病、晚疫病、湿腐病和坏疽病；细菌性病害：环腐病、软腐病。其中晚疫病在储藏中前期表现极为明显，干腐病在储藏中后期表现较为突出，这两种病害是马铃薯储藏期间的主要病害。

1. 干腐病 该病属于真菌性病害，开始时薯块表皮局部颜色发暗、变褐色，以后病部略微凹陷，逐渐形成褶皱，呈同心环纹状皱缩，其上有时长出灰白色的绒状颗粒；后期薯块内部变褐色，常呈空心，空腔内长满菌丝；最后薯肉变为灰褐色或深褐色，僵缩、干腐，变轻、变硬。

2. 软腐病 该病属于细菌性病害，块茎染病多由皮层伤口引起，发病初期薯块皮孔受侵染后表面出现轻微凹陷的病斑，淡褐色至褐色，病斑呈圆形水渍状，很快颜色变深、变暗，薯块内部逐渐软腐；条件适宜时，病薯很快腐烂，发出恶臭；干燥后薯块呈灰白色粉渣状。

3. 环腐病 该病属于细菌性病害，初时薯块表面无明显症状，储藏一段时间后，症状逐渐明显，皮色稍暗，有时芽眼发黑，有的表面龟裂；剖切病薯块，可见维管束呈乳黄色或黄褐色的环状区域，重者可连成一圈；以手挤压，沿黄色维管束部分溢出乳黄色黏液（菌脓）；重病薯块病部变黑褐色，用手挤压薯皮与薯心易于分离。

4. 湿腐病 该病属于真菌性病害，病菌从薯块伤口侵入，初感染时病斑呈褐色或棕灰色水渍状，当病害扩展时，薯块肿大，薯肉组织呈黑色或灰白色水孔状，用手挤压病薯，皮层开裂，并溢出大量液体，颜色较深无臭味。

5. 坏疽病 该病属于真菌性病害，储藏期间薯块上初期多在伤口、脐部或芽眼处形成约 1 厘米^2 的凹陷病斑，以后逐渐扩大成大型病斑，形状不规则，病斑颜色为土黄色、淡红色、淡紫色或淡褐色至褐色，病斑不变软，表皮皱缩，切开薯块可见其由外向内不规则扩展，病薯上有多个病斑可导致整个薯块腐烂，在 4℃、干燥的储藏条件下病害发展迅速。

6. 红腐病 该病属于真菌性病害，病菌从芽眼处侵入，薯块症状最先出现在脐部，患病组织与健康组织之间形成一黑色分界线，腐烂组织呈海绵状，切开腐烂薯块暴露在空气中 20 分钟即变成粉红色，随后由于氧化而变成黑色或紫褐色。储藏期间感染红腐病的块茎被软腐病菌二次侵染，挤压病薯块会流出汁液，块茎完全腐烂，散发刺激性气味。

7. 粉红芽眼病 该病属于生理性病害，在块茎顶部芽眼周围出现粉红色病斑，后变成褐色，只危害块茎表面，有时也扩展到块茎内部，土壤湿度大时症状最明显，储藏于高温、高湿条件下时，薯块容易发生腐烂。低温、干燥条件下，病组织变干。

8. 黑胫病 该病属于细菌性病害，田间发病始于脐部，纵切薯块病部呈黑褐色，呈放线状向髓部扩展，横切薯块可见维管束呈黄褐色，用手挤压病部，薯皮与薯肉不分离，湿度大时，薯块呈黑褐色腐烂，散发恶臭味。

9. 黑心病 该病属于生理性病害，发病薯块表面症状不明显，质地不变软，薯块内部从粉褐色到坏死，呈黑褐色略显放射状的病斑，直至严重发生形成黑心。

（二）马铃薯储藏病害的发生规律

马铃薯储藏期间发生的病害是在收获前、收获时或收获后病菌侵染造成的，与薯块的带菌量关系密切，储窖内环境条件的影响也很重要，尤以温度和通气最为关键。总体上，储窖温度在 5～30℃内均可发病，以 15～20℃为适宜条件，而 25～30℃伴以潮湿条件易引起薯块腐烂。在储藏初期，薯块生活力和呼吸能力较强，往往会因通风不良而使薯块处于缺氧状态，此条件恰好有利于厌氧性病原细菌的侵染而加重薯块的腐烂。生理性黑心病同样是在下窖过早、储藏温度过高、窖小或储藏量过大的情况下易于发生。

（三）初感染薯及问题批次薯的干预措施

1. 初感染薯 初期受感染的块茎是指感染疫霉菌，但是还没有腐烂的马铃薯块茎。这样的块茎为镰刀菌或软腐菌的侵入提供了入口。对于受感染的块茎，迅速干燥及降低温度是很好的补救办法。采取迅速干燥后，一批受感染的块茎中有 10％的块茎仍可以储存。

2. 问题批次薯　问题批次薯会引起储藏的薯块大量腐烂，其罪魁祸首是存在于批次中大量的软腐菌或者受感染的薯块。轻微受冻薯、玻璃化薯块以及大量母薯都可能是麻烦的制造者。对问题批次薯要求一种特殊的方法来储藏。在入储时，去除已腐烂的块茎、母薯以及冻伤薯是最有效的方法。由于这种方法无法 100％有效，所以如何迅速的干燥一批薯块并使其在储藏期保持干燥就显得至关重要。当有较多的泥土时，这一问题会变得更为复杂。在干燥处理时，使用通风设备进行空气加热很有必要。

3. 初感染薯及问题批次薯　将感染软腐病或初期受感染的问题批次薯储藏温度控制为 15℃，阻止腐败蔓延。降低堆放高度，使批量薯干燥更快，但这种方法只在有漏缝的地面上有明显的效果。当马铃薯入储后，要立即通风。随后的干燥时间最好保持 24小时。定时检查薯堆并监测干燥进度。当薯块表面完全干燥时，立刻停止通风，但是要继续检查。过多的降雨可能导致马铃薯腐烂，将受到影响的马铃薯分开储存，并尽快将其出售。在薯块入储前，尽可能除尽有问题的泥土、腐烂的薯块和母薯。

（四）马铃薯储藏综合防治措施

马铃薯储藏期病害的发生是病菌在田间生长期初次侵染和储藏期二次复合侵染，以及马铃薯储藏期许多其他因素综合作用引起的。因此，防治马铃薯储藏期病害，应采取预防为主、综合防治的策略，从大田收获、入窖和储藏等关键环节进行综合防治。

1. 种植无病种薯　建立无病留种基地，因地制宜选择综合抗病良种是做好马铃薯储藏期病害防治的基础。播种前要精选种薯，淘汰带菌块茎。对于环腐病等种薯传播的病害，应在切薯前进行切刀消毒，避免切刀传病。

2. 加强田间管理　实行轮作是减少马铃薯病害发生的有效措施。增施有机肥和酸性肥料，特别是增施磷肥和钙肥，禁施碱性肥料，可以提高薯块细胞壁钙的含量，增强抗病性。加强水肥管理，合理灌溉也有利于生长发育，提高抗病能力。生长后期，加强检查，及时拔除病株，减少传病机会。收获前两周割秧，避免薯块与病株接触，降低薯块带菌率。

3. 适时安全收获　马铃薯收获过晚易受冻害，收获过早产量低，种皮薄，不耐储藏，因此适期收获对储运十分重要。一般要求在土壤温度低于20℃时收获，可以大大降低病菌侵染概率。另外，收获时要尽量避免薯块机械碰伤，减少病菌侵染通道。

4. 控制储藏条件　收获后晾晒1～2天，待薯块表面干燥后入窖储藏；入窖时剔除病伤薯块，小堆储藏；不同品种要分别储藏，以防休眠期长短、耐储性强弱不一致互相影响；储藏初期，应在通风条件下预储2周左右，温度控制在13～15℃，促进薯皮老化和伤口愈合；以后降低窖温，保持温度在1～4℃，控制发病；注意保持通风干燥，避免薯块表面潮湿和窖内缺氧，减少发病。根据马铃薯储藏期间生理变化和气候变化，通过合理通风和密闭，控制储藏窖的温、湿度，整个储藏期应两头防热、中间防寒。

5. 化学防治　马铃薯储藏期病害的防治应以预防为主，不论是侵染性病害还是非侵染性病害，在不能辨认病害种类时，凡发现薯块开始腐烂，必须坚持翻袋检查剔除病薯，装袋后隔离堆放，防止传染。一旦发病严重，要选用化学药剂科学防治，适宜储藏期干腐病和晚疫病防治的药剂可选用甲霜·锰锌和甲霜灵。

五、马铃薯高产栽培技术指导

（一）改常规品种为优质脱毒品种

选用优良脱毒品种或新品种，以增加产量、增强抗性，提高效益。

（二）改湿催芽为干催芽，薯芽分级栽植

传统使用的湿催芽法催芽，种块易染病腐烂，薯芽细弱，干催

芽培育的薯芽粗壮，腐烂少，根系发达。其方法是将切好的薯芽块晾晒 1 天，待伤口愈合后，温床底放一层麦秸，上面铺塑料编织袋，袋上放种块 10 厘米厚，种块上盖麻袋，麻袋上撒一层木屑或麦糠，上覆农膜。床温保持 15～20℃，15～20 天后芽长至 1.5 毫米时，扒出晾芽 2 天，进行薯芽分组挑选，分组栽植，确保一播全苗。

（三）改常规露地栽培为多层膜栽培

常规露地栽培，成熟晚，产量低，商品率差，效益不好。采用单层地膜覆盖或小拱棚加地膜三层覆盖栽培马铃薯，可提早成熟，商品率高，售价好，又可增加复种指数。露地栽培一般 5 月中下旬上市，单层地膜覆盖 4 月下旬上市。

（四）改无机肥为主为有机肥、无机肥并重

有机肥具有养分全、肥性稳、肥效长等特点，并能改善土壤理化性状和土壤结构，增强土壤的保肥、蓄水能力；单独施用无机肥，养分单一，并易使土壤板结，破坏土壤结构。要做到土地用养结合，必须要有机肥和无机肥配合施用，以有机肥为主。马铃薯为需钾作物，要重视施钾肥，还应注重有机肥、氮肥、磷肥、钾肥、微肥平衡施用，例如预计每亩产马铃薯块茎 2 500～3 000 千克，则每亩需施优质有机肥 5 000 千克以上，三元复合肥（15－15－15）100 千克（或磷酸氢二铵 30 千克、尿素 30 千克、硫酸钾 30 千克），硫酸锌 1 千克，硼砂 0.15 千克，中后期还要进行叶面施肥，以满足其生长发育的需要。

（五）改公式法栽培为良种良法配套栽培

不同品种特点不同，只有根据不同品种的特点，采用相应的栽培措施，也就是良种良法配套才能发挥其品种生产潜力，获得较好的经济效益。如鲁引 1 号晚疫病较重，栽培时要重点防治晚疫病；克新 1 号、克新 3 号为中晚熟品种，种植密度要小，以每亩 4 000

株左右为宜；克新 4 号、鲁引 1 号、东农 303、早大白等早熟品种，种植密度以每亩 4 500 株左右为宜。

（六）改大薯切块栽培为小薯整个栽培

马铃薯种（块茎）传病害较多，大薯切块时切刀易传染病害，栽后易烂种传病，特别是秋种马铃薯，表现更为突出，因此，采用小薯（20～30 克/个）整栽，可以减少病害侵染。

（七）改单一种植为间套种植

马铃薯生育期短，株型小，适于间作套种。可采用马铃薯＋棉花、马铃薯＋西瓜（甜瓜）、马铃薯＋棉花＋西瓜（甜瓜）、马铃薯＋玉米＋平菇等，既提高了复种指数，又增加了经济效益。

（八）改高密度栽植为中密度栽植

大薯率高意味着商品率就高，售价也会较高，效益就优于小薯同期售价，大薯较小薯每千克高 0.14～0.16 元，有时甚至可以高出 0.18 元。现在马铃薯产区大都是高密度（6 500 株/亩左右）栽植，商品性差，大薯率不到 20%，产量虽高，但效益较差。种植密度以早熟品种 4 500～4 800 株/亩，晚熟品种 3 700～4 000 株/亩为宜。

（九）改连作为轮作

长期连作马铃薯，不仅破坏土壤结构和养分结构，使土壤肥力逐年下降，土传病原菌逐年积累增加，降低了作物的抗逆能力，增强了病虫的抗药性，而且使马铃薯产量和品质大幅度降低。老产区比新区投资大，管理好，但产量却比新区低，效益也差，就是因为连作。同时，马铃薯土传病害较多，如青枯病、枯萎病、晚疫病、根结线虫病等，危害性较大，因此，要进行轮作换茬。每种植 2 茬马铃薯要进行 3～4 茬的轮作换茬，此外要注意马铃薯禁止与茄果类和块茎类作物连作。

（十）改病虫害单一防治为病虫害综合防治

改治病为主为防病为主，采用植物检疫、农业防治、物理机械防治、生物防治、化学防治相结合的方法综合防治病虫害。如马铃薯环腐病的防治：建立无病种薯繁殖田，使用无病种薯；严格检疫制度，不从病区引种；切刀消毒或小薯整播，减少传染；用50％甲基硫菌灵500倍液浸泡种薯2小时，或用50毫升/升的硫酸铜溶液浸泡种薯10分钟，防效较好；每亩施用过磷酸钙25千克做种肥（穴施或沟施），防效很好；发现病株及时拔除，带出田外处理。

农 药 篇

一、农药知识

（一）杀虫剂

1. 拟除虫菊酯类杀虫剂　该类药剂以神经钠离子通道为作用靶标，包括溴氰菊酯、高效氟氯氰菊酯、氯氰菊酯、联苯菊酯、顺式氯氰菊酯、七氟菊酯、氟氯氰菊酯、醚菊酯、氯菊酯、氟胺氰菊酯、甲氰菊酯、氟氰戊菊酯、四溴菊酯、甲氧苄氟菊酯。

2. 有机磷杀虫剂　该类药剂为胆碱酯酶抑制剂，包括丙溴磷、二嗪磷、杀螟硫磷、喹硫磷、噻唑磷、亚砜磷、亚胺硫磷。

3. 烟碱类杀虫剂　该类药剂作用于害虫的乙酰胆碱酯酶受体，包括吡虫啉、噻虫嗪、啶虫脒、烯啶虫胺、烟碱。

4. 氨基甲酸酯类杀虫剂（含沙蚕毒素类杀虫剂）　该类药剂为胆酰酯酶抑制剂，包括甲萘威、硫双威、丙硫克百威、杀螟丹（沙蚕毒素类）、杀线威、甲硫威、仲丁威、苯氧威、苯硫威、抗蚜威、噁虫威、棉铃威、伐虫脒、异丙威、呋线威、灭杀威、乙硫苯威、残杀威、杀虫环、杀虫磺、杀虫双、杀虫单、阿维菌素、多噻烷。

5. 苯甲酰脲类杀虫剂　该类药剂为昆虫生长调节剂，可干扰昆虫表皮几丁质生物合成，对环境高度安全，包括虱螨脲、氟虫脲、除虫脲、氟酰脲、氟苯脲、氟啶脲、杀铃脲、氟铃脲、灭幼脲、杀虫隆、啶蜱脲。

6. 哒嗪酮类杀虫剂　鱼藤酮、哒螨灵、哒幼酮。

7. 杀螨剂　炔螨特、苯丁锡、丁醚脲、吡螨胺、乙螨唑、联苯肼酯、三环锡、噻螨酮、哒螨灵、双甲脒、喹螨醚、四螨嗪、唑螨酯、嘧螨酯、溴螨酯、三唑锡、苯螨特、灭螨猛。

8. 生物源杀虫剂　阿维菌素、多杀霉素、苏云金杆菌、甲氨基阿维菌素、杀虫磺、杀虫环、白僵菌。

9. 植物源杀虫剂　烟碱、鱼藤酮、除虫菊素、印楝素、茴蒿素、百部碱、苦皮藤素。

10. 其他结构类生长调节剂　噻嗪酮、灭蝇胺、虫酰肼、甲氧虫酰肼、烯虫酯、茚虫威、抑食肼。

11. 其他结构类杀虫剂　该类药剂分子结构中含有吡唑、咪唑或吡咯等杂环，或醛基等结构，包括茚虫威、虫螨腈、四聚乙醛、氟硅菊酯、吡蚜酮、唑蚜威。

（二）杀菌剂

1. 三唑类杀菌剂　该类药剂为甲基甾醇合成抑制剂，属于杀菌剂中最大的一类，包括戊唑醇、氟环唑、苯醚甲环唑、丙环唑、腈菌唑、环丙唑醇、氟硅唑、粉唑醇、己唑醇、叶菌唑、四氟醚唑、三唑醇、灭菌唑、联苯三唑醇、烯唑醇、戊菌唑、腈苯唑、种菌唑、糠菌唑、亚胺唑、硅氟唑、三唑酮。

2. 吗啉类杀菌剂　该类药剂为甾醇合成抑制剂类杀菌剂，包括烯酰吗啉、丁苯吗啉、十三吗啉、十二环吗啉、氟吗啉。

3. 其他抑制甾醇生物合成杀菌剂　该类药剂成分含有吡嗪、嘧啶、吡啶等结构，包括氯苯嘧啶醇、啶斑肟、乙嘧酚磺酸酯、嗪氨灵、氟苯嘧啶醇、嘧菌胺。

4. 其他唑类杀菌剂　吡唑类、咪唑类、异噁唑类、苯并噻唑类、噻唑类烯丙苯噻唑、咪鲜胺、三环唑、噁霉灵、抑霉唑、氟菌唑、噻呋酰胺、苯醚甲环唑、稻瘟酯、土菌灵。

5. 二硫代氨基甲酸酯类杀菌剂　该类药剂为多作用点杀菌剂，包括代森锰锌、代森锰、丙森锌、代森锌、代森联、福美锌、福美双。

6. 具有硫酮基和磺酰胺基的三唑类杀菌剂 丙硫菌唑。

7. 无机及金属类杀菌剂 硫黄、铜制剂、三苯锡、石硫合剂。

8. 苯类和酞酰亚胺类杀菌剂 该类药剂为多作用点杀菌剂，包括百菌清、克菌丹、灭菌丹。

9. 甲氧基丙烯酸酯类杀菌剂 该类药剂主要通过阻碍细胞色素之间的电子转移发挥作用，是一种线粒体呼吸抑制剂，具超高活性、广谱性，包括嘧菌酯、肟菌酯、醚菌酯、唑胺菌酯、苯氧菌酯、醚菌胺。

10. 苯并咪唑类杀菌剂 该类药剂通过阻碍病菌细胞有丝分裂而致效，包括多菌灵、甲基硫菌灵、噻菌灵、苯菌灵、麦穗宁。

11. 苯胺类杀菌剂 该类药剂通过抑制 RNA 聚合酶，破坏核酸合成而致效，包括甲霜灵、苯霜灵、噁霜灵。

12. 二羧酰亚胺类杀菌剂 该类药剂为传统杀菌剂，通过抑制 NADH 细胞色素 C 还原酶破坏类酯类和膜的合成而致效，包括异菌脲、腐霉利、乙烯菌核利、乙菌利、克菌丹、灭菌丹、菌核利。

13. 酰胺类杀菌剂 该类药剂通过抑制琥珀酸脱氢酶活性破坏病菌呼吸而致效，包括萎锈灵、氰菌胺、氟酰胺、氧化萎锈灵、灭锈胺、硅噻菌胺、甲霜灵、苯霜灵、磺菌胺、叶枯酞、苯酰菌胺、甲呋酰胺。

14. 苯胺基嘧啶类杀菌剂 该类药剂通过抑制病菌细胞的细胞壁分解酶活性而致效，包括嘧菌环胺、嘧菌胺、嘧霉胺。

15. 其他多作用点杀菌剂 主要有吡啶类、萘醌类、胍类、磺胺类、三嗪类、硝基苯类，包括氟啶胺、五氯硝基苯、戊菌隆、双胍辛乙酸盐、敌菌灵、苯氟磺胺、多果定、酞菌酯。

二、常用的农药剂型

（一）乳油（EC）

乳油主要是由农药原药、溶剂和乳化剂组成，在有些乳油中还加入少量的助溶剂和稳定剂等。溶剂的用途主要是溶解和稀释农药原药，帮助乳化分散、增加乳油流动性等，常用的有二甲苯、苯、甲苯等。

农药乳油要求外观清晰透明、无颗粒、无絮状物，在正常条件下储藏不分层、不沉淀，并保持原有的乳化性能和药效。原油加到水中后应有较好的分散性，乳液呈淡蓝色透明或半透明溶液，并有足够的稳定性，即在一定时间内不产生沉淀，不析出油状物。稳定性好的乳液，油球直径一般在 0.1～1 微米。

目前乳油是使用的主要剂型，但由于乳油使用大量有机溶剂，施用后增加了环境负荷，所以应用范围有减少的趋势。

（二）粉剂（DP）

粉剂是由农药原药和填料混合加工而成。有些粉剂还加入稳定剂。填料种类很多，常用的有黏土、高岭土、滑石、硅藻土等。

对粉剂的质量要求，包括粉粒细度、水分含量、pH 等。粉粒细度指标，粉粒平均直径为 5～12 微米。水分含量一般要求小于 1%。pH 要求为 6～8。

粉剂主要用于喷粉、撒粉、拌毒土等，不能加水喷雾。

（三）可湿性粉剂（WP）

可湿性粉剂是由农药原药、填料和湿润剂混合加工而成的。可湿性粉剂对填料的要求及选择与粉剂相似，但对粉粒细度的要求更高。湿润剂采用纸浆废浆液、皂角、茶枯等，用量为制剂总量的 8%～10%；如果采用有机合成湿润剂（例如阴离子型或非离子型）或者混合湿润剂，其用量一般为制剂的 2%～3%。

对可湿性粉剂的质量要求应有好的润湿性和较高的悬浮率。悬浮率不良的可湿性粉剂，不但药效差，而且易引起作物药害。悬浮率与粉粒细度、湿润剂种类及用量等因素有关。粉粒越细悬浮率越高。粉粒平均直径小于 5 微米，湿润时间小于 5 分钟，悬浮率一般大于 50%。

可湿性粉剂经储藏，悬浮率往往下降，高温储藏条件下悬浮率下降很快。若在低温下储藏，悬浮率下降较缓慢。可湿性粉剂加水稀释，用于喷雾。

（四）颗粒剂（GR）

颗粒剂是由农药原药、载体和助剂混合加工而成。载体对原药起附着和稀释作用，是形成颗粒的基础（粒基）。因此要求载体不分解农药，具有适宜的硬度、密度、吸附性和遇水解体率等性质。常用作载体的物质如白炭黑、硅藻土、陶土、紫砂岩粉、石煤渣、黏土、红砖土、锯末等。常见的助剂有黏结剂（包衣剂）、吸附剂、湿润剂、染色剂等。

颗粒剂用于撒施，具有使用方便、操作安全、应用范围广及药效长等优点。高毒农药颗粒剂一般用作土壤处理或拌种沟施。

（五）水剂（AS）

水剂主要是由农药原药和水组成，有的还加入小量防腐剂、湿润剂、染色剂等。该制剂是以水作为溶剂，农药原药在水中有较高的溶解度，有的农药原药以盐的形式存在于水中。水剂加工方便，成本低廉，但有的农药在水中不稳定，长期储存易分解失效。

（六）悬浮剂（SC）

悬浮剂又称胶悬剂，是一种可流动液体状的制剂。它是由农药原药和分散剂等助剂混合加工而成，药粒直径小于 1 微米。悬浮剂使用时兑水喷雾，如 40% 多菌灵悬浮剂、20% 除虫脲悬浮剂等。

（七）超低容量喷雾剂（ULV）

超低容量喷雾剂是一种油状剂，又称为油剂。它是由农药和溶剂混合加工而成，有的还加入少量助溶剂、稳定剂等。这种制剂专供超低量喷雾机使用，或飞机超低容量喷雾，不需稀释而直接喷洒。由于该剂喷出雾粒细，浓度高，单位受药面积上附着量多，因此加工该种制剂的农药必须高效、低毒，要求溶剂挥发性低、密度较大、闪点高、对作物安全等。如 25％敌百虫油剂、25％杀螟硫磷油剂、50％敌敌畏油剂等。油剂不含乳化剂、不能兑水使用。

（八）可溶性粉剂（SP）

可溶性粉剂是由水溶性农药原药和少量水溶性填料混合粉碎而成的水溶性粉剂，有的还加入少量的表面活性剂。细度为 90％通过孔径为 180 微米的筛。使用时加水溶解即成水溶液，供喷雾使用。如 80％敌百虫可溶性粉剂、50％杀虫环可溶性粉剂、75％敌磺钠可溶性粉剂等。

（九）微胶囊剂（MC）

微胶囊剂是用某些高分子化合物将农药液滴包裹起来的微型囊体。微囊粒径一般在 25 微米左右。它是由农药原药（囊蕊）、助剂、囊皮等制成。囊皮常用人工合成或天然的高分子化合物，如聚酰胺、聚酯、动植物胶（如海藻胶、明胶、阿拉伯胶）等。它是一种半透性膜，可控制农药释放速度。该制剂为可流动的悬浮体，使用时兑水稀释，微胶囊悬浮于水中，供叶面喷雾或土壤施用。农药从囊壁中逐渐释放出来，达到防治效果。微胶囊剂属于缓释剂类型，具有延长药效、高毒农药低毒化、使用安全等优点。

（十）烟剂（FU）

烟剂是由农药原药、燃料（如木屑粉）、助燃剂（氧化剂，如硝酸钾）、消燃剂（如陶土）等制成的粉状物。细度为通过孔径为 180 微米的筛，袋装或罐装，其上配有引火线。烟剂点燃后可以燃烧，但没有火焰，农药有效成分因受热而气化，在空气中受冷又凝聚成固体微粒，沉积在植物上，达到防治病害或虫害目的。在空气中的烟粒也可通过昆虫呼吸系统进入虫体产生毒效。烟剂主要用于防治森林、仓库、温室等病虫害。

（十一）水乳剂（EW）

水乳剂为水包油型不透明浓乳状液体农药剂型。水乳剂是由水不溶性液体农药原油、乳化剂、分散剂、稳定剂、防冻剂及水经均匀化工艺制成。不需用油用溶剂或只需用少量油用溶剂。

水乳剂的特点：①不使用或仅使用少量的有机溶剂；②以水为连续相，农药原油为分散相，可抑制农药蒸气的挥发；③成本低于乳油；④无燃烧、爆炸危险，储藏较为安全；⑤避免或减少了乳油制剂所用有机溶剂对人、畜的毒性和刺激性，减少了对农作物的药害危险；⑥水乳剂原液可直接喷施，可用于飞机或地面微量喷雾。

（十二）水分散粒剂（WG）

该剂型为入水后能迅速崩解，分散形成悬浮液的粒状农药剂型。产生于 20 世纪 80 年代初，是正在发展的新剂型。这种剂型兼具可湿性粉剂和浓悬浮剂的悬浮性、分散性、稳定性好的优点，而克服了二者的缺点；与可湿性粉剂相比，它具有流动性好，易于从容器中倒出而无粉尘飞扬等优点；与浓悬浮剂相比，它可克服储藏期间沉积结块、低温时结冻和运费高的缺点。

三、常用杀虫剂药害

（一）马拉硫磷

番茄幼苗、豇豆、高粱、樱桃、梨、苹果及瓜类中的一些品种对该药敏感，使用时应注意浓度。

（二）杀螟硫磷

白菜、萝卜、花椰菜、甘蓝等十字花科蔬菜及高粱对该药敏感，使用时应注意。

（三）辛硫磷

黄瓜、四季豆、西瓜对该药敏感，50％乳油500倍液喷雾有药害，1 000倍液时也可能有轻微药害；甜菜对辛硫磷也较敏感，如拌药闷种时，应适当减少剂量和闷种时间。高粱敏感不宜喷施；玉米只能用该药的颗粒剂防治玉米螟；高温时对叶菜敏感，易烧叶。

（四）丙溴磷

浓度高时对棉花、瓜豆类有一定药害，对苜蓿和高粱有药害；避免在十字花科蔬菜及核桃作物花期使用。

（五）仲丁威

稻田施药的前后10天，避免使用敌稗，以免发生药害。

（六）杀螟丹

水稻扬花期或作物被雨露淋湿时，不宜施药；十字花科蔬菜的幼苗，对该药敏感，夏季高温生长幼弱时，不宜施药。

（七）丁醚脲

高温高湿条件下对幼苗易产生药害。正常条件下25％丁醚脲乳油使用剂量不超过50毫升/亩。

（八）异丙威

薯类作物对该药敏感，不宜使用。施药前后10天，不可使用敌稗。

（九）噻嗪酮

药液如接触到白菜、萝卜等作物的叶片，会出现褐斑或白化等药害。

（十）杀虫双

豆角、白菜、甘蓝等蔬菜幼苗在夏季高温下对杀虫双反应敏感，易发生药害，不宜使用。

（十一）氟啶脲

对白菜等十字花科蔬菜苗期易烧叶，浓度不低于 1 500 倍。

四、农药二次稀释

农药的二次稀释法又称两步配制法，是先用少量水或稀释载体将农药制剂稀释成母液或母粉，然后再稀释到所需浓度。

（一）农药二次稀释的优点

二次稀释法配制农药药液，是先用少量水将药液调成浓稠母液，然后再稀释到所需浓度，它比一次配药具有许多优点（图 19）。

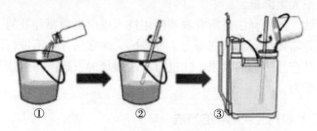

图 19　农药二次稀释

注：①先把药品倒入一个装有清水的小容器；②充分搅拌至药液均匀；③最后倒入喷雾器，加满水，充分搅拌。

1. 保证药剂在水中分散均匀　例如可湿性粉剂、粉粒往往团聚在一起成为粗团粒，如果直接投入药水箱中一次配液，则粗团粒尚未充分分散即沉入水底，此时再进行搅拌就很困难。如果直接采用一次稀释，因搅拌不够均匀，药液在喷雾器中没有完全分散开来，导致有的地方浓度高，有的地方浓度低，不利于均匀喷雾。这也是大部分企业提倡二次稀释的原因。

因此，先用少量水配成较浓稠的母液，进行充分搅拌，使粉粒分散后再倒入药水箱中进行最后稀释。胶悬剂在存放过程中易出现沉积现象，即上层逐渐变稀而下层变浓稠。配制药液时必须采取两步配制法。

2. 有利于准确用药　随着近年来高效农业的发展，农药用量大幅减少，采用两步配制法有利于准确取药。如某种麦田除草剂，亩用可湿性粉剂 8 克，如果兑水 45 千克喷施则每桶（15 千克）用药仅 2 克多，一次配制时既不易称量准确，又难以稀释均匀，因而可将原药 8 克加水 600 克配成母液，然后每桶用母液 200 克加水15 千克稀释即成。

3. 可减少农药中毒的危险　对毒性较高的农药，采取二次稀释法配制能减少接触原药的机会。例如有些毒性比较强的农药，一次稀释法有 4 次接触原药的机会，而二次稀释法只有一次，中毒的可能性大大减少，后面就算再接触到药液，也是稀释后的母液，中毒的概率大大降低。

因此二次稀释法是所有农药使用技术里面必须要普及的一项技术，也是需要全行业共同努力去推进的。保守估计，不进行二次稀释的农药产品表现的效果，比进行二次稀释的农药产品防效至少差15％～20％。

（二）农药二次稀释的方法

农药二次稀释是农药配制的方法之一，可采用下列方法对农药进行二次稀释。

（1）选用带有容量刻度的医用盐水瓶或其他小型容器，将农药放置于瓶内，注入适量的水配成母液，对悬浮剂等黏性较重的药剂要将黏附在小包装上的药剂清洗下来，轻轻搅动使容器中药剂充分分散溶解，再用量杯计量使用。

（2）使用背负式喷雾器时，可以在药桶内直接进行二次稀释。先将喷雾器内加少量的水，再加放适量的药液，充分摇匀，然后再补足水混匀使用。

（3）用机动喷雾机具进行大面积施药时，可用较大一些的容器，如桶、缸等进行母液一级稀释。二级稀释时可放在喷雾器药桶内进行配制，混匀后使用。

注意：为了保证药液的稀释质量，配制母液的用水量应认真计算、仔细量取，不得随意多加或少用，否则都将直接影响防治效果。

五、如何避免除草剂对后茬作物的危害

（一）种植茄子、辣椒、白菜等注意事项

（1）前茬用过咪唑乙烟酸的地块，须间隔 40 个月种茄子、辣椒、白菜、萝卜、胡萝卜、甘蓝等作物。

（2）前茬用过氯嘧磺隆的地块，须间隔 36 个月种茄子、辣椒、白菜、萝卜、胡萝卜、甘蓝等作物。

（3）烟嘧磺隆每公顷用量超过有效成分 60 克，即 4％烟嘧磺隆每亩超过 100 毫升，须间隔 18 个月种茄子、辣椒、白菜、萝卜、胡萝卜、甘蓝等作物。

（4）氟磺胺草醚每公顷用量有效成分 375 克，即 25％氟磺胺草醚每亩 100 毫升，须间隔 18 个月种茄子、辣椒、白菜、萝卜、胡萝卜、甘蓝等作物。

（5）异噁唑草酮每公顷用有效成分超过 71 克，须间隔 18 个月种茄子、辣椒、白菜、萝卜、胡萝卜、甘蓝等作物。

（6）西玛津每公顷用有效成分超过 2 240 克，即 50％西玛津每亩超过 300 克，须间隔 24 个月种茄子、辣椒、白菜、萝卜、胡萝卜、甘蓝等作物。

（7）莠去津每公顷用有效成分超过 2 000 克，即 38％莠去津每亩超过 350 毫升，须间隔 24 个月种茄子、辣椒、白菜、萝卜、胡萝卜、甘蓝等作物。

（8）二氯喹啉酸每公顷用有效成分 106～177 克，须间隔 24 个月种辣椒、茄子、胡萝卜等作物。

（9）嗪草酮每公顷用有效成分 350～700 克，即 70％嗪草酮每亩 33～67 克，须间隔 18 个月种胡萝卜等作物。

（二）种植马铃薯注意事项

（1）前茬用过咪唑乙烟酸须间隔 36 个月种马铃薯。

（2）前茬用过氯嘧磺隆须间隔 40 个月种马铃薯。

（3）烟嘧磺隆，每公顷用量超过有效成分 60 克，即 4％烟嘧磺隆每亩超过 100 毫升，须间隔 18 个月种马铃薯。

（4）氟磺胺草醚，每公顷用量有效成分 375 克，即 25％氟磺胺草醚每亩 100 毫升，须间隔 24 个月种马铃薯。

（5）西玛津每公顷用有效成分超过 2 240 克，即 50％西玛津每亩超过 300 克，须间隔 24 个月种马铃薯。

（6）莠去津每公顷用有效成分超过 2 000 克，即 38％莠去津每亩超过 350 毫升，须间隔 24 个月种马铃薯。

（7）二氯喹啉酸每公顷用有效成分 106～177 克，须间隔 24 个月种马铃薯。

（三）种植玉米注意事项

（1）前茬用过咪唑乙烟酸须间隔 24 个月种玉米。

（2）前茬用过氯嘧磺隆须间隔 24 个月种玉米。

（3）氟磺胺草醚每公顷用量有效成分 375 克，即 25％氟磺胺草醚每亩 100 毫升，须间隔 24 个月种玉米。

（四）种植花生注意事项

前茬用过氯嘧磺隆、烟嘧磺隆（每亩有效成分超过 4 克）、西玛津（每亩有效成分超过 150 克）、莠去津（每亩有效成分超过 133 克）的，下茬不能种花生。

（五）种植高粱注意事项

前茬用过咪唑乙烟酸、氯嘧磺隆、烟嘧磺隆（每亩有效成分超过 4 克）、唑嘧磺草胺（每亩有效成分超过 3.2 克）的，下茬不能种高粱。

（六）种植小麦、大麦注意事项

前茬氯嘧磺隆每亩有效成分超过 1 克，西玛津每亩有效成分超过 150 克，莠去津每亩有效成分超过 133 克，异噁草酮每亩有效成分超过 48 克的，下茬不能种小麦、大麦。

（七）种植油菜注意事项

前茬氟磺胺草醚每亩有效成分超过 25 克，二氯喹啉酸每亩有效成分超过 7 克的，下茬不能种油菜。

六、如何正确使用包衣种子

包衣种子都经过精选加工，发芽率高，有利于实行精量、半精量播种。包衣种子中含有杀虫剂、杀菌剂、微量元素、植物生长调节剂，能综合防治苗期病虫害，并能补充营养，可促使种子生根发芽，刺激作物生长，达到苗全、苗壮的目的，深受广大农民喜爱。但在保管和使用包衣种子时一定要注意以下事项：

（1）包衣种子有剧毒，只能作为种子用，绝对不能食用或做饲料。包衣种子要存放在干燥、阴凉的通风处，严防小孩和家畜、家禽接触或误食。如有误食致死的畜禽，也应深埋地下，绝对不能食用，就连包衣种子出苗后所拔除的苗也不能用来喂畜禽，以免中毒。

（2）播种包衣种子时，要穿防护服，戴防护手套，不能边播种边吃东西或边喝水，或徒手擦眼。小孩不能参与播种。播种结束后用肥皂洗净手、脸后再进食，以防中毒。

（3）装包衣种子的包装袋应选用聚丙烯编织袋，最好不用麻袋，以免麻袋纤维飞扬被人、畜吸入导致中毒。包装袋用后应烧掉或深埋，严防误装粮食和食品。盛装过包衣种子的盆、篮子等用具，必须用清水反复洗净后再作他用，并严禁再存放食品，洗刷这些用具的水严禁倒在河流、池塘和井边，可倒在田间或树根周围。

（4）包衣种子不宜进行浸种催芽。因种衣剂溶于水后不但会失效，而且会对种子的萌发产生抑制作用。

（5）包衣种子不宜在低洼易涝地和盐碱地使用。包衣种子在高湿的土壤条件下极易发生酸败腐烂；在盐碱地，种衣剂遇碱会分解失效。通常在 pH 大于 8 的田地不宜使用包衣种子。

（6）包衣种子忌与敌稗等除草剂同时使用，播种 30 天后才能使用敌稗。如先用敌稗则需 3 天后再播种，否则容易发生药害或降低种衣剂的使用效果。

七、如何正确选用杀虫剂

杀虫剂只有进入害虫体内到达杀虫剂的作用部位后才能发挥其杀虫的功效。杀虫剂的选择需因虫而异，因此全面了解害虫的特点和生活习性，掌握杀虫剂的使用知识，才能在化学防治的过程中针对不同害虫使用正确的杀虫剂。

（一）根据害虫口器特点选用杀虫剂

危害农作物的农业昆虫主要有鞘翅目（甲虫类）、鳞翅目（蛾蝶类）、直翅目（如蝗虫、蟋蟀、蝼蛄等）、膜翅目（如叶蜂、茎蜂等）、等翅目（如白蚁等）、缨翅目（蓟马类）、双翅目（蝇、蚊类）、半翅目。多数杀虫剂可通过昆虫口器进入昆虫体内发挥其杀虫的作用。根据害虫的取食特点，可按口器特点进行昆虫分类。

1. 咀嚼式口器害虫　这类口器害虫在危害作物时一定要取食

植物叶片或其他组织，造成叶片缺刻等伤害。主要的害虫有鳞翅目幼虫（如柑橘凤蝶等）、鞘翅目害虫（甲虫类）、直翅目若虫和成虫（蝗虫、蟋蟀、蝼蛄）、膜翅目幼虫和成虫，胃毒性强的杀虫剂对这类害虫防治效果最为显著，内吸性好但触杀和胃毒作用差的杀虫剂对这类害虫无效。防治这类害虫可选择胃毒性好的农药，如最常用的有机磷类杀虫剂，部分具胃毒作用的氨基甲酸酯类杀虫剂，拟除虫菊酯类杀虫剂，沙蚕毒素类杀虫剂，苯甲酰脲类杀虫剂，部分昆虫激素类杀虫剂，阿维菌素类杀虫剂。

2. 内吸式口器害虫　这类害虫主要通过昆虫口器刺吸植物幼嫩组织，吸食组织中的汁液。主要的害虫有蚜虫、叶蝉、椿象、介壳虫若虫和成虫、蚊类成虫、蓟马等，这类害虫宜选择内吸性好或内渗性好且有较好的胃毒作用的杀虫剂。内吸性杀虫剂主要有有机磷类杀虫剂、氨基甲酸酯类杀虫剂、沙蚕毒素类杀虫剂、吡虫啉类杀虫剂、啶虫脒类杀虫剂。

（二）地下害虫的防治用药

地下害虫主要有蛴螬（金龟子幼虫）、地老虎、蟋蟀、蝼蛄，还有一些虫害如花蕾蛆及叶甲类害虫。由于其生活特性，某一阶段在地上活动，但在某个阶段在土壤中生活，将在土壤中活动阶段的害虫作为地下害虫来看，防治上需用地下害虫防治杀虫剂。

地下害虫由于其危害部位特殊，主要在土壤中或土表生活，施药后要考虑农药与土壤颗粒结合后的药效，有些农药与土壤结合后会失去杀虫效果，因此对杀虫剂成分选择很关键，可采用杀虫颗粒剂拌土撒施或地面喷洒杀虫剂来防治，也可采用杀虫剂拌诱饵诱杀的方式灭虫。

八、影响除草剂药效发挥的因素

（一）温度

气温高有利于除草剂被杂草吸收，作用效果好。但不是气温越高越好，气温过高，喷出的雾状液很快被蒸发，特别对一些易挥发的除草剂及见光分解的除草剂，会降低除草效果，如 2,4-滴、氟乐灵、杀草丹、2 甲 4 氯等，还会因挥发飘移到周围敏感作物上产生药害。气温过低时使用扑草净，因其不能及时降解，容易发生药害。正确的施药时间应为：高温季节，晴而无风的 11:00 前及 16:00 以后；低温季节宜在 10:00～15:00。

（二）空气湿度

一般来说，湿度大有利于除草剂被杂草吸收，作用效果好。最好的施药时机为叶面无露水、雨水，而且空气湿度在 60% 以上。干热季节如过于干旱，则不要施药。

（三）土壤水分

土壤水分充足，作物和杂草生长旺盛，有利于作物对药剂的分解和杂草对药剂的吸收并在体内传导运输，从而达到最佳除草效果，尤其是土壤处理剂必须有土壤湿润条件才能发挥良好的药效。如土壤干旱，作物和杂草生长缓慢，作物耐药性差，并有利于杂草茎叶形成较厚的角质层，影响对除草剂的吸收传导，从而使除草效果下降。同时，杂草为了适应干旱环境，大部分毛孔关闭，影响药剂的吸收，根系更加发达，增加防除难度。因此，干旱的天气，推荐高限量，同时施药时要加大喷水量。

（四）降水

施药后不久即降雨，药液容易被冲刷，影响药效。

（五）光照

光活化性除草剂在光的作用下才起杀草作用。西玛津、敌草隆、扑草净等光合作用抑制剂，也需在有光的情况下才能抑制杂草光合作用，发挥除草效果。氟乐灵等施于土表易挥发，见光易分解，使用时需及时与表层土混拌。唑草酮的药效发挥与光照条件有一定的关系,施药后光照条件好,有利于药效充分发挥,阴天不利于药效正常发挥。

(六)土壤 pH

当 pH 在 5.5～7.5 时大部分除草剂能较好地发挥作用,过酸、过碱的土壤对某些除草剂会起到分解作用,从而影响药效,如土壤封闭除草剂为酸性,在盐碱地中封闭除草效果差,甚至无效果。

(七)土壤质地和有机质含量

质地疏松和有机质含量低的土壤吸附量少,过量则易淋溶造成对作物根部的伤害。黏性土和有机质含量高的土壤吸附能力强,使药液不能在土壤溶液中移动而形成均匀的药土层,从而出现"封不住"的现象,影响防除效果,因而应适当增加用药量,或采用上限用药量。有机质过高的高水肥田,一般不使用土壤处理除草剂。

(八)水质

水质指施药时所兑水的硬度和酸碱度。硬度指 100 毫升水中所含钙、镁离子的多少。由于某些除草剂的有效成分容易同这两种离子络合生成盐而被固定,所以硬度大的水质可能会使除草剂药效下降。具有酸碱性的农药掺入了碱性较高或酸性较高的水,会影响药剂的稳定性,从而降低除草效果。

(九)风速

除草剂要在无风或微风时施用,风大时喷除草剂容易发生雾滴飘移,危害周围敏感作物,尤其是易挥发的除草剂,使用时应特别注意。

(十)草龄

杂草在 2～3 叶期为最佳防治期。杂草草龄越大,抗性越大,用药量必须适量加大。

（十一）二次稀释

除草剂药效发挥重要因素之一是二次稀释，先将药剂加少量水配成母液，再倒入盛有一定量水的喷雾器内，再加入需加的水量，并边加边搅拌，调匀稀释至需要浓度。二次稀释关系着药液是否在用药器械里分散均匀，最终会影响除草效果。

（十二）施药浓度

施药浓度会对除草效果有影响，所以除草剂配水要科学，要严格按照说明书进行，切忌擅自增加用药量。

（十三）施药器具

施药使用的器具不同最终的除草效果也会有差异，随着农业现代化程度的提高，机器施药越来越普遍。

（十四）交替用药

连年使用同一种除草剂杂草很容易产生抗性，若不更改，杂草抗药性越来越严重，因此，需要交替用药，这样除草效果会更好。

（十五）苗情

病苗、弱苗要减少用药量或延后再施药。

（十六）正确选择除草剂

要根据当地的草相选择最适合的除草剂，这样才能达到好的除草效果。

九、真正具有茎叶处理和封闭双重作用的配方

（一）烟嘧磺隆＋异丙草胺/乙草胺/丁草胺＋莠去津

此配方比较常见，如 2％烟嘧磺隆＋20％异丙草胺＋20％莠去

津，200 克/亩，但比较容易出现药害，特别是烟嘧磺隆＋乙草胺·莠去津的配方；最安全的是烟嘧磺隆＋丁草胺·莠去津的配方；其次是烟嘧磺隆＋异丙草胺·莠去津，异丙草胺对玉米的药害也相对较重。

国内较好的配比为 2％烟嘧磺隆＋10％丁草胺＋20％莠去津，70 克/亩；2.5％烟嘧磺隆＋20％异丙草胺＋30％莠去津，150克/亩。其功能定位在苗后禾本科、阔叶杂草双除，同时具有优秀的封闭效果。此配方可以有效防除刺儿菜、苣荬菜、稗、狗尾草、牛筋草、苋、藜等恶性杂草及常见的禾本科和阔叶杂草。

（二）硝磺草酮＋异丙甲草胺/异丙草胺/乙草胺/丁草胺＋莠去津

该配方的安全性：硝磺草酮·乙草胺·莠去津＜硝磺草酮·异丙草胺·莠去津＜硝磺草酮·丁草胺·莠去津＜硝磺草酮·异丙甲草胺·莠去津，除草效果正好相反。先正达产品配方有 3％硝磺草酮＋24.7％异丙甲草胺＋10.8％莠去津，150～200 克/亩。硝磺草酮·异丙草胺·莠去津比较好的配方为 3.5％硝磺草酮＋15％异丙草胺＋15％莠去津，200 克/亩。

该类配方功能定位在苗后防除大龄阔叶杂草，特别是恶性阔叶杂草效果突出，兼除部分禾本科杂草，同时具有优秀的封闭效果，对于杂交玉米、甜玉米、黏玉米、爆裂玉米安全性较高。此配方对苘麻、苋菜、藜、蓼、马唐、稗、莎草、看麦娘及十字花科、豆科杂草等效果显著。

（三）苯唑草酮＋异丙甲草胺/异丙草胺/乙草胺/丁草胺＋莠去津

此配方对禾本科杂草的防效稍好于含有硝磺草酮的配方，对反枝苋、苘麻、藜、牛筋草、狗尾草防效优异，对马唐、马齿苋等防效较好，封闭时间久，其缺点是对香附子基本无效，大草有返青现象。

（四）异噁唑草酮＋异丙甲草胺/异丙草胺/乙草胺/丁草胺＋莠去津

此配方能有效防除阔叶与禾本科杂草，如苘麻、马唐、藜、苋、地肤、反枝苋、稗、狗尾草、马齿苋等。异噁唑草酮施用一段时间后，它可以被雨水再次激活，二次杀草。此配方持效期较长，可达 4 个月之久，这是其他除草剂无法实现的。

十、为什么施用除草剂不能代替中耕

目前，化学除草剂在农业生产上已非常普遍，有些农户认为杂草已被化除，就没必要再中耕了。其实，除草剂只能除草，代替不了中耕，中耕除了能除草外，还有其他多种重要作用。

中耕可增加土壤的通气性，增加土壤中氧气含量，增强农作物的呼吸作用、根系吸收能力，从而促进作物生长。

（一）增加土壤有效养分含量

土壤中的有机质和矿物质养分都必须经过土壤微生物的分解后，才能被农作物吸收利用。因旱土中绝大多数微生物都具好气性，当土壤板结不通气，氧气严重不足时，微生物活动弱，土壤养分不能充分分解和释放。

（二）提高肥料利用率

中耕松土后，土壤微生物因氧气充足而活动旺盛，大量分解和释放土壤潜在养分，可以提高土壤养分的利用率。

（三）调节土壤水分含量

干旱时中耕，能切断土壤表层的毛细管，减少土壤水分向土表运送而蒸发散失，提高土壤的抗旱能力。

(四) 提高地温

中耕松土，能使土壤疏松，受光面积增大，吸收太阳辐射的能力增强，散热能力减弱，并能使热量很快向土壤深层传导，提高土壤温度。

(五) 控旺长

抑制农作物营养生长过旺时，深中耕，可切断部分根系，控制养分吸收，抑制徒长。

(六) 土肥相融

中耕可将追施在表层的肥料搅拌到底层，达到土肥相融、通气的目的。还可排除土壤中有害物质和防止脱氮现象，促进新根大量发生，提高吸收能力，促进生长。

施用化学除草剂后，不同的作物中耕时间不同。油菜、小麦、棉花、大豆等作物，应在喷药后 20～25 天进行，水稻田应在施药后 12 天进行，否则会影响化学除草效果。

肥　料　篇

一、肥料基础知识

(一) 肥料

凡是施于土壤中或喷洒于作物地上部分，能直接或间接供给作物养分，增加作物产量，改善产品品质或能改良土壤性状、培肥地力的物质都称为肥料。直接供给作物必需养分的肥料称为直接肥料，如氮肥、磷肥、钾肥、微量元素和复合肥料。能改善土壤物理性质、化学性质和生物性质，从而改善作物的生长条件的肥料称为间接肥料，如石灰、石膏和细菌肥料等。

(二) 肥料常见的分类

(1) 按元素分类。

大量元素肥：氮、磷、钾肥。

中量元素肥：钙、镁、硫、硅肥。

微量元素肥：铜、铁、锰、锌、硼、钼肥等。

稀有元素肥：稀土元素肥。

(2) 按化学成分分类。有机肥料、无机肥料、有机无机复合肥料、菌肥。

(3) 按养分分类。单质肥料、复混（合）肥料（多养分肥料）。

(4) 按作用方式分类。速效肥料、缓效肥料。

(5) 按状态分类。固体肥料、液体肥料、气体肥料。

(6) 按化学性质分类。碱性肥料、酸性肥料、中性肥料。

(7) 按用法分类。叶面肥、冲施肥、基施肥。

（8）按功能分类。通用肥、功能肥、专用肥（促根肥、促花壮果肥、越冬肥等）。

（三）生物肥

生物肥是以有机溶液或草木灰等为载体接种有益微生物而形成的一类肥料。主要功能成分为微生物菌。国际要求生物数量不低于2亿个/克。它本身不能直接作为肥料提供养分。

（四）生物肥的分类

生物肥按作用机理分两大类：一类是微生物菌施入土壤后，在土壤环境中大量繁殖，成为作物根区优势菌株，促进土壤矿物养分的分解、释放，提高土壤养分供应能力。另一类是微生物施入土壤后，通过微生物区系的变化或分泌物的影响，改变作物根区环境，促进作物根系发育，提高作物吸收利用养分的能力。

（五）生物有机肥

生物有机肥是在有机肥上接种有益微生物而制成的肥料。兼具精制有机肥和生物肥的特点。

（六）化学肥料与有机肥料的差别

（1）有机肥料含有大量的有机质，具有明显的改土培肥作用；化学肥料只能提供作物无机养分，长期施用会对土壤造成不良影响。

（2）有机肥料含有多种养分，所含养分全面平衡；而化肥所含养分种类单一，长期施用容易造成土壤中的养分失衡。

（3）有机肥料养分含量低，需要大量施用，而化学肥料养分含量高，施用量少。

（4）有机肥料肥效时间长；化学肥料肥效期短而猛，容易造成养分流失，污染环境。

（5）有机肥料来源于自然，肥料中没有任何化学合成物质，长期施用可以改善农产品品质；化学肥料属纯化学合成物质，施用不当易使农产品品质降低。

（6）有机肥料在生产加工过程中，只要经过充分的腐熟处理，施用后便可提高作物的抗旱、抗病、抗虫能力，减少农药的使用量；长期施用化肥，导致作物的免疫力降低，往往需要大量的化学农药维持作物生长，容易造成食品中有害物质积累。

（7）有机肥料中含有大量的有益微生物，可以促进土壤中的生物转化过程，有利于土壤肥力的不断提高；长期大量施用化学肥料可抑制土壤微生物的活动，导致土壤的自动调节能力下降。

（七）辨别肥料的真伪

可从看、摸、嗅、烧、用五方面鉴别肥料的真伪。

1. 看　看肥料包装，正规厂家生产的肥料，其外包装规范、结实，注有生产许可证、执行标准、登记许可证、商标、产品名称、养分含量（等级）、净重、厂名、厂址等。看肥料的粒度（或结晶状态），优质复合肥粒度和比重较均匀、表面光滑、不易吸湿和结块。而假劣肥料恰恰相反，肥料颗粒大小不均、粗糙、湿度大、易结块。

（1）尿素为白色或淡黄色，呈颗粒状、针状或棱柱状结晶。

（2）硫酸铵为白色晶体。

（3）碳酸氢铵呈白色或其他杂色粉末状或颗粒状结晶。

（4）氯化铵为白色或淡黄色结晶。

（5）硝酸铵为白色粉状结晶或白色、淡黄色球状颗粒。

（6）氨水为无色或深色液体。

（7）石灰氮为灰黑色粉末。

（8）过磷酸钙为灰白色或浅肤色粉末。

（9）重过磷酸钙为深灰色、灰白色颗粒或粉末状。

（10）钙镁磷肥为灰褐色或暗绿色粉末。

（11）钙镁磷钾肥为灰褐色或暗绿色粉末。

（12）磷矿粉为灰色、褐色或黄色粉末。

（13）硝酸磷肥为灰白色颗粒。

（14）硫酸钾为白色晶体或粉末。

（15）氯化钾为白色或淡红色颗粒。

（16）磷酸二氢铵为灰白色或深灰色颗粒。

（17）磷酸氢二铵为白色或淡黄色颗粒。

2. 摸　将肥料放在手心，用力握住或按压转动，根据手感来判断是否为新肥料。这种方法判别美国磷酸氢二铵较为有效，抓一把肥料用力握几次，有油湿感的即为新肥料，干燥的则很可能是用倒装复肥冒充的。

3. 嗅　通过肥料的特殊气味简单判断。有强烈刺鼻氨味的液体是氨水；有明显刺鼻氨味的细粒是碳酸氢铵。略有酸味的白色晶体是硫酸铵；有酸味灰白色或浅肤色粉末为过磷酸钙。有酸味的细粉是重过磷酸钙，如果过磷酸钙有很刺鼻的怪酸味，则说明生产过程中很可能使用了废硫酸，这种劣质化肥有很大的毒性，极易损伤或烧死作物。

4. 烧　将化肥样品加热或燃烧，从火焰颜色、熔融情况、烟味、残留物等情况识别肥料。氮肥碳酸氢铵，发生大量白烟，有强烈的氨味，无残留物；氯化铵，直接分解或升华发生大量白烟，有强烈的氨味和酸味，无残留物；尿素，冒白烟，投入炭火中能燃烧，或取一玻璃片接触白烟时，能见玻璃片上附有一层白色结晶物；硝酸铵，不燃烧但会熔化，并出现沸腾状，冒出有氨味的烟；高温不熔融仍保持固体的是磷肥、钾肥、复合肥，钾肥的火焰呈现黄色。

5. 用　先进行小面积对比试验，如效果好，一般为正品肥料。

（八）肥料养分在植物体内的作用

氮（N）：参与叶绿素的形成，提高光合作用。

磷（P）：促进细胞分裂，促进开花结实，提高抗逆性，促进根系发育。

钾（K）：促进细胞分裂，提高光合作用，促进淀粉和糖分的合成。

钙（Ca）：促进细胞和细胞膜的连接，有助于提高细胞膜的稳定性。

镁（Mg）：是叶绿素的组分之一，是多种酶的活化剂。

硫（S）：是组成蛋白质和核酸不可缺少的元素。

铜（Cu）：参与光合作用、呼吸作用和氮的代谢作用。

铁（Fe）：能促进叶绿素的合成，增强光合作用，提高光合效率。

锰（Mn）：促进种子发育和幼苗生长，促进光合作用和蛋白质的形成。

锌（Zn）：参与吲哚乙酸的合成，促进生长素的形成。

硼（B）：促进生殖器官发育，对传粉、开花结实有重要作用。

钼（Mo）：能促进固氮和根瘤菌的活性，提高固氮能力。

二、肥料包装骗术预防知识

骗术一：炒作新概念

厂家利用农民对新型高科技产品的好奇及盲目购买新科技产品的心理炒作概念。如在肥料包装袋上标明进口纳米磁性剂、激活素、光能素等陌生名词，令农民眼花缭乱。还有不法企业生产同一个产品，却每年不停变换生产厂家名称和地址，以便躲避消费者质疑，也让执法部门找不到责任人。

骗术二：任意夸大产品作用

我国在专用肥及功能型肥料方面没有设立专门的规范制度，一些不法厂家抓住这一漏洞，在包装袋上面冠以欺骗性名称，如全元素、多功能、全营养等，一种肥料便成了全能肥料。还有各类专用肥料，实际配方并没有做过多调整，但在包装上印有"香蕉专用""苹果专用"等字样，价格就要翻几番。

骗术三：臆造化肥商品名称，混淆概念

三元复合肥和二元复合肥在实质上有很大差异，一些厂家却用二元复合肥冒充三元复合肥。不法商家通过修改肥料包装上的名称，让消费者误以为是三元复合肥。

骗术四：打出权威机构认证的幌子

一些厂家利用农民相信政府、权威机构的心理，无中生有地伪造权威机构证明。在一些劣质产品包装上标注"国家××部推荐产品""××质检所认可产品"等。更有甚者，一些小企业定点生产配方肥，在包装上不依照要求注明标识，甚至连成分都不标明，只标注"××机构推荐使用"。

骗术五：刻意夸大总养分含量

一些厂家在复混肥或尿素商品包装上，将中量元素钙、镁、硫或有机质等成分违规加入肥料总养分含量计量中。复混肥料国标早已明确规定，总养分指总 N、P_2O_5 和 K_2O 三种大量元素含量之和，而有些企业以中、微量元素和有机钾等成分含量与 N、P_2O_5、K_2O 三要素合并计算，将产品含量虚假标高。

骗术六：利用洋字码忽悠农民

不少农民认为进口肥料质量更好，于是一些厂家就将产品包装打上洋名冒充进口产品。包括模仿进口化肥商标或取相似名称；盗用国外生产商名义或标注"进口许可证"等；注册空壳公司，然后以空壳公司的名义委托企业生产；假标国外技术产品、谎称进口原材料。

三、肥料三要素、中微量元素和 pH 的拮抗作用

（一）三要素氮、磷、钾对其他元素的拮抗作用

氮肥过量尤其是生理酸性铵态氮，易造成土壤溶液中铵离子过多，与镁、钙离子产生拮抗作用，影响作物对镁、钙的吸收。过多施氮肥后刺激果树生长，需钾量大增，更易表现缺钾症。

磷肥不能和锌同补，因为磷肥和锌能形成磷酸锌沉淀，降低磷和锌的利用率。施磷肥过多，多余的有效磷会抑制作物对氮素的吸收，还可能引起缺铜、硼、镁。磷过多会阻碍钾、锌的吸收，磷肥

过多，还会活化土壤中对作物生长发育的有害物质，如活性铝、活性铁、活性镉，对生产不利。

施钾过量首先造成浓度障碍，使植物容易发生病虫害，继而在土壤中和植物体内与钙、镁、硼等阳离子营养元素发生拮抗作用，严重时引起脐腐和叶色黄化。过量施钾往往造成严重减产。

氮、磷、钾肥的长期过量施用引起的拮抗作用，已经发展到了必须施用钙、镁、硫肥解决的地步。

（二）中量元素钙、镁、硫对其他元素的拮抗作用

钙过多会阻碍氮、钾的吸收，易使新叶焦边，茎秆细弱，叶色淡。过量施用石灰造成土壤溶液中含有过多的钙离子，易与镁离子产生拮抗作用，影响作物对镁的吸收。镁过多茎秆细、果小，易滋生真菌性病害。土壤中代换性镁小于 60 毫克/千克，镁、钾含量比值小于 1 即为缺镁。钙、镁可以抑制铁的吸收，因为钙、镁呈碱性，可以使铁由易吸收的二价铁转成难被吸收的三价铁。中量元素钙、镁、硫对其他元素的拮抗作用见表 4。

表 4　中量元素钙、镁、硫对其他元素的拮抗作用

原因	引起缺乏的元素											
	氮	磷	钾	锌	锰	硼	铁	铜	钼	镁	钙	硫
低钙						×						
高钙	×		×	×		×	×	×		×		
高镁			×	×			×	×			×	
高硫		×							×			

注："×"表示拮抗作用。

（三）微量元素铁、硼、铜、锰、锌、钼对其他元素的拮抗作用

缺硼影响作物对水分和钙的吸收及其在体内的移动，导致分生细胞缺钙，细胞膜的形成受阻，而且使幼芽及籽粒的细胞液呈

强酸性，因而导致生长停止。缺硼可诱发体内缺铁，使抗病性下降。微量元素铁、硼、铜、锰、锌、钼对其他元素的拮抗作用见表5。

表5　微量元素铁、硼、铜、锰、锌、钼对其他元素的拮抗作用

原因	氮	磷	钾	锌	锰	铁	铜	钼	镁	钙
高锰		×		×		×	×	×	×	×
高硼	×		×							×
低硼						×				×
高铁		×		×			×			×
高铜				×		×				
低锌							×			
高锌		×				×	×			
高钼						×				

注："×"表示拮抗作用。

（四）土壤 pH 对元素的拮抗作用

pH 低时，对阳离子的吸收有拮抗作用，pH 升高，阳离子间的拮抗作用减弱，而阴离子的拮抗作用增强。土壤 pH 对元素的拮抗作用见表6。

表6　土壤 pH 对元素的拮抗作用

原因	氮	磷	钾	锌	锰	硼	铁	铜	钼	镁	钙	钠
低 pH		×	×		×	×		×	×	×		
高 pH				×	×	×	×	×				

注："×"表示拮抗作用。

四、六项新型肥料标准发布

（一）HG/T 5045—2016《含腐殖酸尿素》

HG/T 5045—2016 规定了含腐殖酸尿素的要求、试验方法、检验规则、标识、包装、运输与储存。该标准适用于将以腐殖酸为主要原料生产的腐殖酸增效液添加到尿素生产工艺中，通过尿素造粒工艺技术制成的含腐殖酸尿素。

（二）HG/T 5046—2016《腐殖酸复合肥料》

HG/T 5046—2016 规定了腐殖酸复合肥料的术语和定义、要求、试验方法、检验规则、包装、标识、运输和储存。标准适用于以风化煤、褐煤、泥炭为腐殖酸原料，经活化与无机肥料制得的腐殖酸复合肥料，也适用于腐殖酸复混肥料和腐殖酸掺混肥料。

（三）HG/T 5048—2016《水溶性磷酸一铵》

HG/T 5048—2016 规定了水溶性磷酸一铵的要求、试验方法、检验规则、标识、包装、运输与储存。标准适用于采用各种工艺生产的水溶性磷酸一铵。

（四）HG/T 2321—2016《肥料级磷酸二氢钾》

HG/T 2321—2016 是对 HG/T 2321—1992 标准的修订，规定了肥料级磷酸二氢钾的要求、试验方法、检验规则、标识、包装、运输与储存。标准适用于农业用的磷酸二氢钾肥料产品。

（五）HG/T 5049—2016《含海藻酸尿素》

HG/T 5049—2016 规定了含海藻酸尿素的术语和定义、要求、试验方法、检验规则、标识、包装、运输与储存。标准适用于将以海藻为主要原料制备的海藻酸增效液添加到尿素生产过程中，通过尿素造粒工艺技术制成的含海藻酸尿素。

（六）HG/T 5050—2016《海藻酸类肥料》

HG/T 5050—2016 规定了海藻酸类肥料的术语和定义、产品类型、要求、试验方法、检验规则、标识、包装、运输与储存。标准适用于将以海藻为主要原料制备的海藻酸增效剂添加到肥料生产过程中制成的含有一定量海藻酸的海藻酸包膜尿素、含部分海藻酸包膜尿素的掺混肥料、海藻酸复合肥料、含海藻酸水溶肥料。

五、草木灰的用处

草木灰是由柴草烧制而成的灰肥，是一种质地疏松的热性速效肥。主要成分是碳酸钾（K_2CO_3）。草木灰肥料为植物燃烧后的灰烬，所以凡植物所含的矿质元素，草木灰中几乎都含有。其中含量最多的是钾元素，一般含钾 6%～12%，其中 90% 以上是水溶性的，以碳酸盐形式存在；其次是磷，一般含 1.5%～3%；还含有钙、镁、硅、硫中量元素和铁、锰、铜、锌、硼、钼等微量元素。不同植物的灰分，其养分含量不同，向日葵秸秆的含钾量最高，除含速效钾（5%～15%）外，还含有磷、钙、铁、镁、硫等有效养分。在等钾量施用草木灰时，肥效好于化学钾肥。所以，它是一种来源广泛、成本低廉、养分齐全、肥效明显的无机农家肥。

（一）草木灰在农业生产中的用途

1. 促进发芽 花木播种后，整平畦面，用草木灰覆盖 1～2 厘米，撒施时应选在无风的早晨及傍晚，能够有效提高土壤温度，保持土壤疏松，促使种子提前 7～10 天发芽，并且使苗木生长整齐、健壮。

2. 加速生根 在苗木移栽中，用草木灰配合有机肥做底肥，或配制营养土掺入 5%～20% 的草木灰，可增加土壤有效养分，促进根系伤口愈合，提高苗木移栽的成活率。君子兰等花卉在移栽换盆过程中，剪除烂根，在伤口及根系上喷洒草木灰，可控制烂根，促发新根，恢复其长势。在移栽大苗时使用效果更为显著。

3. 防止落叶　对花木植株喷施 8％～15％草木灰浸出液（新鲜草木灰 10 千克加清水 100 千克，充分搅拌，放置 14～16 小时过滤，除渣后所得澄清液即可喷施）进行根外追肥，可提高叶片光合效率，延长寿命，防止早期落叶，促进花叶美丽，提高观赏效果。

4. 改善产品品质　草木灰除含钾、钙等大中量营养元素外，还含有铁、锌等多种微量元素，速效性强，是一种优质叶面肥。在开花前后叶面喷施 50％～80％草木灰浸出液，可促使枝叶青绿，减少花果脱落，防止早衰，促进花、果着色。

5. 抑制病虫害　苗圃每亩撒施草木灰 30～50 千克，可杀死地下害虫与病菌，保护种子、根、茎，减少病虫危害，防止立枯病、炭疽病。果园施用草木灰可控制白粉病、果实锈病的发生，每株施草木灰 2.5～5 千克，有防治根腐病的作用。喷施 3％～5％草木灰浸出液，可防止花、果上的蚜虫、红蜘蛛等害虫，提高对梨木虱的药防效果。

6. 增强抗逆性　对灌溉条件欠佳的山地、丘陵等旱地果树，连续喷 2～3 次 5％～6％的草木灰浸出液，可提高果树的抗旱性。因为草木灰中含有大量的钾离子，能有效减弱果树叶片蒸腾水的强度，增强树体的抗旱、抗高温能力，还可促进碳水化合物的运转，提高果树的抗性。

7. 防止伤流　容易产生伤流的花木如葡萄、无花果、苏铁等，在修剪或换盆后造成的伤口，可涂抹新鲜草木灰，控制伤流，防止伤口感染腐烂，促进愈合。

8. 保鲜辣椒　在竹箩或其他储藏器具的底层铺一层草木灰，再铺一层牛皮纸，然后一层辣椒一层草木灰，放在比较凉爽的屋内储藏（注意：储藏过程中不能有水浸入草木灰）。此法储藏辣椒可达 4～5 个月。

9. 储藏马铃薯及甘薯　选没有伤口的马铃薯、甘薯，用草木灰全部覆盖。储藏保鲜期可达半年。此法主要利用草木灰具吸湿、吸热、保温及抑菌的功能。

10. 储藏种子 把瓦罐、瓦缸等储藏器具准备好，洗净擦干，然后用草木灰铺在底部，上面铺一层牛皮纸，把种子放在牛皮纸上，装好后用塑料薄膜封口，储存效果良好，有利齐苗、全苗、壮苗。

11. 防治果树根腐病 当发现果树有根腐病后，除掉腐根周围的土壤，用草木灰覆盖，然后再用无菌的土壤覆盖，不久，病根即可痊愈。

12. 防治根蛆 发现韭菜、大蒜有根蛆危害时，用草木灰撒在叶上可防治其成虫，撒在根部可防治根蛆幼虫。

13. 覆盖平菇培养基 早春播种平菇，因气温低，菌丝发育慢，易被杂菌污染，若在表面撒一层草木灰，能加强畦床的温室效应，促进菌丝发育；草木灰还能为菌丝提供一定养分，并成为抑制杂菌生长的一道屏障。早春播种用草木灰覆盖，可使出菇期提早10天，增产20％左右。

14. 抑制病虫害的发生 草木灰为碱性，有很细的微粒，如接触吸浆虫成虫、麦蚜、麦蜘蛛、麦叶蜂等虫体软嫩的害虫，可使其气孔阻塞、生理失常，可杀伤部分害虫。田间撒施草木灰还能抑制小麦赤霉病、条锈病及白粉病的发生。

15. 防治白叶枯病 每亩用草木灰10千克、茶饼10千克、硫黄粉1千克、石灰15千克混合均匀撒施在秧田（早、中、晚稻）上，可有效地防治秧田白叶枯病的发生。

16. 防治白粉病 对发生白粉病的果树（葡萄、板栗）和观赏植物（月季、杜鹃），在距树干15厘米处，挖出深10～20厘米的根部土壤，每株施草木灰10～20千克，然后加盖一层薄土，治愈率可达80％以上。

17. 防治苗期病害 果树和观赏植物苗圃地，旱地作物和蔬菜的苗期，易发生立枯病、炭疽病等，严重时造成大量死苗。可用草木灰顺垄撒施，每亩用量30～50千克，可有效地防治苗期病害。

18. 提高地温 冬季于花椒树基部覆盖一层草木灰，可提高地温，防止根部受冻害。

19. 防治蚜虫　用草木灰加水浸泡一昼夜，取滤液喷洒，可防治果树上的蚜虫。

（二）草木灰在水产养殖中的作用

1. 预防鱼病　草木灰具有的杀菌消毒作用，对鱼病的防治有十分重要的作用，能有效杀死鱼体中的多种病原体，以减少渔药的使用，保证水产品的质量安全，还有去除青苔的作用。

2. 增加水体养分含量　可增加水体养分，促进鱼的生长，同时在杀灭青苔时用作水体遮光物，是很好的辅助物品。

3. 调节、净化水质的作用　每亩水面施用 70～120 千克草木灰，可以使水深 1 米的池塘 pH 上升到 7.5～8.5，常施有利于浮游动植物的繁殖（提高水中磷、钾、钙、镁等元素的含量），为鱼类提供充足优质的天然饵料，提高水体的透明度，有利于鱼类的健康生态养殖。施用方法及注意事项：取出干灰后放入容器中加水浸泡4～6 小时，取浸出液全池泼洒，最好选择晴天下午泼洒。不可用淋过雨的堆灰，也不能用干灰直接向水池泼洒。

（三）消毒剂

草木灰是农村广泛存在的消毒剂原料，具有很强的杀灭病原菌及病毒的作用，其效果与常用的强效消毒剂烧碱相似。使用方法是用 2.3 千克草木灰，加热水 10 千克即可用于畜舍、饲槽、用具等的消毒。为增强消毒作用，可用 30 千克草木灰加水 100 千克，在锅内煮沸 1 小时后，过滤去渣，用于猪瘟、口蹄疫、鸡新城疫等污染的畜舍、用具的消毒。用草木灰消毒效果强，无任何副作用，无刺激性。

（四）草木灰在使用和保存过程中的注意事项

（1）草木灰是碱性肥料，不宜与酸性肥料混存、混用。硫酸铵、硝酸铵和碳酸氢铵都是铵态氮肥，若将它们和草木灰混在一起，就会使氮肥中的氮变成氨气而挥发。草木灰也不能与过磷酸钙混存和混用，混后会降低磷的有效性。草木灰在与酸性肥料同时使用时，一定要注意不可将它们混在一起。

（2）草木灰不宜与人、家畜的粪尿混存。农村习惯将草木灰倒入茅坑或猪圈内储存，这种做法是错误的。人、家畜粪尿等是一种迟效酸性氮肥，如将含碱性的草木灰倒进含酸性的人、家畜粪尿上，酸碱中和产生氨气而使氮素挥发，从而降低肥效。草木灰与家畜粪尿混存 1 周，就可使粪尿中的铵态氮素损失一半以上，混存时间越长，氮素损失越多。

（3）草木灰中的养分易溶于水，为保存灰分，应单独储存在灰库或灰棚等遮风避雨的地方，以防风吹雨淋。雨淋后的灰分，钾素会受到严重的损失。

（4）不能与酸性农药混合，以免降低农药和肥料的有效性。

六、常见的不合理施肥现象

（一）施肥浅或表施

肥料易挥发流失或难以到达作物根部，不利于作物吸收，造成肥料利用率低。肥料应施于种子或植株侧下方 16～26 厘米处。

（二）施用双氯肥

用氯化铵和氯化钾生产的复合肥称为双氯肥，含氯约 30%，易烧苗，施用后要及时浇水。盐碱地和对氯敏感的作物不能施用含氯肥料。对叶（茎）菜施用过多氯化钾等，不但会造成蔬菜不鲜嫩、纤维多，而且会使蔬菜味道变苦、口感差、效益低。尿基复合肥含氮高，缩二脲氮含量也略高，易烧苗，要注意浇水和施肥深度。

（三）施用化肥不当，可能造成肥害，发生烧苗、植株萎蔫等现象

一次性施用化肥过多或施肥后土壤水分不足，会造成土壤溶液

浓度过高，作物根系吸水困难，导致植株萎蔫，甚至枯死。施氮肥过量，土壤中有大量的氨或铵离子，一方面氨挥发，遇空气中的雾滴形成碱性小水珠，灼伤作物，在叶片上产生焦枯斑点；另一方面，铵离子在旱土上易硝化，在亚硝化细菌作用下转化为亚硝铵，气化产生的二氧化氮气体会毒害作物，在作物叶片上出现不规则水渍状斑块，叶脉间逐渐变白。此外，土壤中铵态氮过多时，植物会吸收过多的氨，引起氨中毒。

（四）过多地使用某种营养元素，不仅会对作物产生毒害，还会妨碍作物对其他营养元素的吸收，引起缺素症

施氮过量会引起缺钙；硝态氮过多会引起缺钼而失绿；钾过多会降低钙、镁、硼的有效性；磷过多会降低钙、锌、硼的有效性。

（五）未腐熟的人、畜粪尿不宜直接施用于蔬菜

未腐熟的人、畜粪尿中含有大量病菌、毒素和寄生虫卵，如果直接施用，会污染蔬菜，易传染疾病，需经高温堆沤发酵或无害化处理后才能施用。未腐熟的畜禽粪便在腐烂过程中会产生大量的硫化氢等有害气体，易使蔬菜种子缺氧窒息；并产生大量热量，易使蔬菜种子烧种或发生根腐病害，不利于蔬菜种子萌芽生长。

为防止肥害的发生，生产上应注意合理施肥。一是增施有机肥，提高土壤缓冲能力。二是按规定施用化肥。根据土壤养分水平和作物对营养元素的需求情况合理施肥，不随意加大施肥量。施追肥掌握少肥勤施的原则。三是全层施肥。同等数量的化肥，在局部施用时往往造成局部土壤溶液浓度急剧升高，伤害作物根系，改为全层施肥，可使肥料均匀分布于整个耕层，能使作物免受伤害。

七、肥料施用常识

（一）如何正确使用农家肥

（1）堆肥。以杂草、垃圾为原料积压而成的肥料，可因地制宜

使用，最好结合春、秋耕做底肥施用。

（2）绿肥。最好作为豆科作物的底肥或追肥，利用根瘤菌固氮作用来提高土壤肥力。

（3）羊粪肥。属热性肥料，宜和猪粪肥混施，适用于凉性土壤和阴坡地。

（4）猪粪肥。有机质和氮、磷、钾含量较多，腐熟的猪粪肥可施于各种土壤，尤其适用于排水良好的热潮土壤。

（5）马粪肥。有机质、氮素、纤维素含量较高，含有高温纤维分解细菌，在堆积中发酵快，热量高，适用于湿润、黏重、板结严重的土壤和阴坡地。

（6）牛粪肥。养分含量较低，是典型的凉性肥料，将牛粪晒干，掺入 3%～5% 的草木灰或磷矿粉或马粪进行堆积，可加速牛粪分解，提高肥效，最好与热性肥配合施用，或施在沙壤地和阳坡地。

（7）人粪尿肥。发酵腐熟后可直接使用，也可与土掺混制成大粪土做追肥。

（8）家禽肥。养分含量高，可做种肥和追肥，最适用于蔬菜。

（二）为什么粪肥要充分腐熟后施用

未经腐熟的粪肥携带有大量的致病微生物和寄生性蛔虫卵，施入农田后，一部分附着在作物上造成直接污染，一部分进入土壤造成间接污染。另外，未经腐熟的粪肥施入土壤后，要经过发酵后才能被作物吸收利用，一方面发酵过程中易产生高温烧苗现象，另一方面还会释放氨气，使植株生长不良，因此，在施用粪肥时一定要充分腐熟。

（三）施用有机肥应注意哪些问题

（1）有机肥料所含养分种类虽较多，与养分单一的化肥相比有很多优点，但是它所含养分并不平衡，不能满足作物高产、优质的需要。

（2）有机肥分解较慢，肥效较迟。有机肥虽然营养元素含量全，但含量较低，且在土壤中分解较慢，在有机肥用量不足的情况下，很难满足农作物对营养元素的需要。

（3）有机肥需经过发酵处理。许多有机肥料带有病菌、虫卵和杂草种子，有的有机肥料中有不利于作物生长的有机化合物，所以均应经过堆沤发酵、加工处理后才能施用。

（4）有机肥的使用禁忌。腐熟的有机肥不宜与碱性肥料和硝态氮肥混用。

（四）怎样区分生物有机肥和普通有机肥

（1）肉眼鉴别。生物有机肥在有益微生物的作用下，发酵腐熟充分，外观呈褐色或黑褐色，色泽比较单一；而其他有机肥因生产操作不同，产品颜色各异，如精制有机肥为粪便原色，农家肥露天堆制，颜色变化较大。

（2）水浸闻味。将不同的有机肥分别放在盛有水的杯子内，精制有机肥和农家肥因为经发酵或发酵不彻底，散发出较浓的臭味，而生物有机肥则不会发生这种现象。

（五）复合肥的施用方法有哪些

（1）做底肥。在播种前、整地时撒到地表，然后翻到土壤中，一般在耕层下 10～20 厘米为最好。

（2）做种肥。一定要注意种与肥间隔 8～10 厘米为好。

（3）做冲施肥。在作物生长的后期，将肥料溶化后结合浇水冲施，效果佳。

（4）做叶面肥。复合肥按比例溶化后，取上清液在 16：00 后喷施在叶子的正反面，24 小时就能被作物完全吸收，隔 5～7 天喷一次见效快。

（六）肥料混合施用需要注意哪些问题

（1）肥料混合后，肥料的物理性状不能改变。

（2）混合后肥料中的养分不能损失。

（3）如果混合时肥料颗粒大小悬殊，使得肥料在储运和施肥过程中发生颗粒分布不匀而造成养分分布不均的现象，就不能混合。

（4）肥料混合后要有利于提高肥效和工效。

（七）微生物肥料有哪些作用

（1）微生物肥料中的有益微生物的生命活动，可固定转化空气中不能利用的分子态氮为化合态氮，解析土壤中不能利用的化合态磷、钾为可利用态的磷、钾，并可解析土壤中的 10 多种中、微量元素。

（2）这些有益微生物的生命活动，分泌生长素、细胞分裂素、赤霉素等植物激素，促进作物生长，调控作物代谢，按遗传密码建造优质产品。

（3）有益微生物在根际大量繁殖，产生大量多糖，与植物分泌的黏液及矿物胶体、有机胶体相结合，形成土壤团粒结构，增进土壤蓄肥、保水能力。质量好的微生物肥料能促进农作物生长，改良土壤结构，改善作物产品品质和提高作物的防病、抗病能力，从而实现增产增收。

（八）微生物肥料推广使用应注意哪些问题

（1）没有获得国家登记证的微生物肥料不能推广。

（2）有效活菌数达不到标准的微生物肥料不要使用。

（3）存放时间超过有效期的微生物肥料不宜使用。

（4）存放条件和使用方法须严格遵守产品说明。

（九）喷施尿素应注意那些问题

（1）不要在暴热的天气或下雨前喷施，以免烧苗或损失肥分。喷施以每天清晨或午后进行为宜，喷后隔 7～10 天再喷一次。

（2）对禾谷类作物或叶面光滑的作物喷施时，要加入 0.1％的黏着剂（如洗衣粉、洗洁净）等。否则，效果不好。

(3) 用于喷施的尿素，缩二脲的含量不能高于 0.5%，含量高容易伤害叶片。

(4) 作物种类不同，要求喷施尿素溶液的浓度也不同。一般禾谷类作物要求喷施浓度为 1.5%～2%，在花期喷施时，浓度还要低一些。叶菜类的蔬菜和黄瓜的喷施浓度为 1%～1.5%。苹果、梨、葡萄等果树以 0.5% 为宜。番茄以 0.3% 为宜。

（十）化肥与农家肥配施应注意哪些问题

(1) 施用时间。农家肥见效慢，应早施，一般在播前一次性底施；而化肥用量少，见效快，一般应在作物吸收营养高峰期前 7 天左右施入。

(2) 施用方法。农家肥要结合深耕施入土壤耕层，或结合起垄扣入垄底。与农家肥搭配的氮素化肥，30% 做底肥，70% 做追肥。磷肥和钾肥做底肥一次性施入。

(3) 施用量。化肥与农家肥配合施用，其用量可根据作物和土壤肥力不同而有所区别，如在瘠薄的地上种玉米，每亩可施农家肥 4 米³、尿素 24 千克、磷肥 13 千克，或施 15 - 15 - 15 的复合肥 13 千克。中等肥力的土壤可施农家肥 3 米³、尿素 20 千克，或施 15 - 15 - 15 的复合肥 12 千克。高肥力土壤可施农家肥 2.5 米³、尿素 15 千克。尿素在追肥时使用效果更佳。复合肥以底肥为佳。

（十一）如何施用底肥效果更好

从肥料的用量上看，各种肥料做底肥的具体用量可参照当地多年田间肥效试验结果及目标产量等综合因素确定，一般高肥力土壤氮肥总用量的 30% 左右做底肥，中、低肥力土壤则有 50%～70% 的氮肥做底肥，而磷、钾肥及微肥尽可能一次全部底施。从肥料品种上看，氮肥中的碳酸氢铵，磷肥中的过磷酸钙、磷酸氢二铵、钙镁磷肥、氮磷钾肥，钾肥中氯化钾、硫酸钾、草木灰，微肥中的锌肥、锰肥等，都适宜做底肥。从施肥深度方面讲，一般底肥应施到整个耕层之内，即 15～20 厘米的深度。对于有机肥、氮肥、钾肥、微肥，可以混匀后均匀地撒在地表，随即耕翻入土，做到肥料与全耕层土壤均匀混合。磷肥由于移动性差，在底施时应分上下两层施用，即下层施至 15～20 厘米的深度，上层施至 5 厘米左右的深度。

八、教你识别八种常用肥料真假

当前，农贸市场上流通的肥料品类繁多，农民如何掌握识别肥料真假的常识，在鱼龙混杂的肥料品类中选出称心如意的肥料真品呢？

（一）氮肥

尿素含氮量小于 46％的是假货，对于氮肥来说，常见的有尿素、硫酸铵、氯化铵、碳酸氢铵，化肥包装袋上应标示肥料名称、商标、规格等级、净含量、养分含量、生产商地址、电话、生产批号、执行标准。国产尿素执行 GB/T 2440—2017 标准，如果执行企业标准或含氮量达不到国标要求，就是假尿素。

农业农村部对农业用尿素提出了规范要求，以此来减缓肥料市场炒作或夸大概念的混乱局面。对具有特殊农用效果的缓释尿素和增效氮肥（以尿素为原料）继续实施登记管理，其他尿素产品均应严格执行国家强制标准（GB/T 2440—2017），不得添加其他成分或冠以其他名称。因此，市场上出现的有机尿素、含硫尿素、多肽尿素等产品质量达不到国家标准（合格品含氮量≥46.0％），均属于假尿素。另外，氮肥中的硫酸铵产品，部分企业将产品名改为硫酸铵锌、稀土硫酸铵锌、硫氮肥或含硫氮肥等；将氯化铵产品改名为多肽脲铵氮肥，均有误导消费者的嫌疑，要谨慎购买。

（二）磷肥

常见的磷肥有过磷酸钙，包装袋上的信息应包括肥料名称、商标、规格等级、净含量、养分含量、生产商地址、电话、生产批号、生产许可证号、执行标准。过磷酸钙执行 GB/T 20413—2017，如果产品无生产许可证号，产品质量极有可能不达标，最好不要购买。

市场上还发现商品名为多肽磷、磷锌酸钙、腐殖酸磷钙、有机活性磷的产品，实际上这一类肥料就是白肥，属于化工废弃物，是生产饲料级磷酸氢钙的废渣，不含水溶性磷，只含有枸溶性磷，只能施到南方的酸性土壤里，若施到碱性土壤中，不仅没有肥效，还会造成土壤板结。

（三）钾肥

对于钾肥来说，常见的有农业用氯化钾、硫酸钾、硝酸钾、硫酸钾镁肥、磷酸二氢钾等，包装袋上的信息应包括肥料名称、商标、规格等级、净含量、养分含量、生产商地址、电话、生产批号、执行标准，其中硫酸钾镁肥还应有农业农村部颁发的肥料登记证号。

目前钾肥市场上出现的各种钾宝，标识有美国、以色列、全营养等词语，或标示内含中微量元素，实则有夸大宣传之嫌。另外，钾肥中的磷酸二氢钾执行 HG/T 2321—2016，并且只有磷、钾两种元素，如商品还标明含其他元素，或执行别的标准号，或名称标有复合型、改进型、Ⅰ型、Ⅱ型、稀土型、多微等字样，或产品呈液体或其他性状，极有可能为假货。

（四）磷酸氢二铵

不执行国家标准的产品则为问题产品，对于磷酸氢二铵来说，包装袋上的信息应包括肥料名称、商标、规格等级、净含量、养分含量、生产商地址、电话、生产批号、执行标准。

（五）复混肥

巧立名称"两证"不全要慎重购买，对于复混肥料（复合肥料）、有机-无机复混肥料、掺混肥料（BB肥）来说，包装袋上的信息应包括肥料名称、商标、规格等级、净含量、养分含量、生产商地址、电话、生产批号、生产许可证号、肥料登记证号、执行标准（GB 15063—2009《复混肥料（复合肥料）》、GB 18877—2009《有机-无机复混肥料》、GB 21633—2008《掺混肥料》）。

市场上存在的主要问题是不按国家强制性标准规定的通用名称标识肥料名称，只用商品名称，或巧立各种名称；包装标识上无生产许可证号和肥料登记证号或仅有生产许可证号而无肥料登记证号；或不执行国家强制性标准而执行企业标准；或标明该产品含中、微量元素，而不标明具体含量；或将有机质和中、微量元素计入总养分含量；或以氯化物为原料的复混肥料包装上不标注含氯，以枸溶性磷为原料的复混肥料不标注枸溶性磷。

（六）有机肥

禁用味精下脚料、工业废弃物等为原料生产有机肥。对于有机肥料来说，包装袋上的信息应包括肥料名称、商标、规格等级、净含量、养分含量、生产商地址、电话、生产批号、肥料登记证号、执行标准。有机肥料的肥料登记证为省级农业行政主管部门颁发，如甘肃省农牧厅颁发，标示为甘农肥（年代号）临（或准）字××××号，执行标准为农业行业标准（NY 525—2012）。根据《甘肃省肥料管理办法》的规定和有机肥料标准要求，城镇垃圾、污泥、工业废弃物、风化煤、味精下脚料等是严禁用作有机肥料生产原料的，如发现有机肥料包装上产品名称为黄腐酸钾或其他不规范名称，或执行标准为企业标准，或养分含量达不到 NY 525—2012 标准要求，或产品油光发亮、有较浓烈的氨味或酸味，则该产品极有可能有问题，应投诉举报。

（七）微生物肥

无肥料登记证号的产品要留意。对于微生物肥料来说，包括生物有机肥、复合微生物肥料、农用微生物菌剂，包装袋上的信息应包括肥料名称、商标、规格等级、净含量、养分含量、生产商地址、电话、生产批号、肥料登记证号、执行标准。微生物肥料的肥料登记证为农业农村部颁发，标示为微生物肥（年代号）临（或准）字××××号，执行标准为 NY 884—2012《生物有机肥》、NY/T 798—2015《复合微生物肥料》、GB 20287—2006《农用微生物菌剂》。

当前，微生物肥料市场存在的主要问题是部分无肥料登记证号的企业假冒已获证企业登记证号生产；或部分已获证企业随意将肥料登记证号转让给不具备微生物肥料生产能力的企业加工生产；或微生物肥料包装袋上使用省级农业部门颁发的登记证号；或随意更改包装标识，误导消费者，如复合微生物肥料的氮、磷、钾总养分含量应适宜，过少则起不到应有的效果，过多则影响生物菌的存活，但有些包装上将氮、磷、钾总养分含量标示为 40%以上，这种产品明显不符合复合微生物肥料产品生产标注要求，应谨慎购买。

（八）水溶肥

选购时先看农业农村部肥料登记证号。对于水溶性肥料来说，包括大量元素水溶肥料、中量元素水溶肥料、微量元素水溶肥料、含腐殖酸水溶肥料、含氨基酸水溶肥料、有机水溶肥料等。包装袋上应包括肥料名称、商标、规格等级、净含量、养分含量、生产商地址、电话、生产批号、肥料登记证号、执行标准。水溶性肥料的肥料登记证为农业农村部颁发，标示为农肥（年代号）临（或准）字××××号，执行标准为 NY 1107—2010《大量元素水溶肥料》、NY 2266—2012《中量元素水溶肥料》、NY 1428—2010《微量元素水溶肥料》、NY 1106—2010《含腐殖酸水溶肥料》、NY 1429—2010《含氨基酸水溶肥料》、有机水溶肥料（执行企业标准）。

目前，水溶性肥料存在的主要问题为标签上无肥料登记证号，有些产品用的是省级部门颁发的肥料登记证号；或标注具有植物生长调节剂等农药功效，夸大宣传产品功能，如标有壮根、膨大、抗病、对病害有抑制作用等字样。发现标签上有以上的问题时，应及时向当地农业执法部门举报。

九、磷酸二氢钾真假识别

(一) 化学方法

方法 1：取少许肥料在铁片上加热，溶解为透明液体，冷却后凝固成半透明的玻璃状物质的为真品。

方法 2：取玻璃杯一个，倒入大半杯温水，向水中投入食用纯碱 50 克，然后搅拌至纯碱完全溶解，取 10 克磷酸二氢钾加入纯碱溶液中，如有大量气泡冒出，即为真品，如果出现大量絮状沉淀或者有其他反应，则为假冒伪劣产品。

方法 3：用火烧少量磷酸二氢钾，如有氮的味道，均为假冒伪劣产品，因为标准生产的磷酸二氢钾肥不含氮。

方法 4：正规的磷酸二氢钾肥料水溶液中加入硫酸锌、硫酸亚铁后会产生沉淀，如果用硫酸镁造假，其水溶液中加入硫酸锌、硫酸亚铁后不会产生沉淀。

(二) 物理方法

正规生产的磷酸二氢钾是白色无味晶体，能闻到臭味或氨味的磷酸二氢钾极有可能为不合格产品。

十、复合肥施用存在的误区

(一) 不按作物种类施用

不同农作物对复合肥中的养分形态和比例需求不一样。但在生产中不分作物种类而盲目使用的情况比较多见。如低磷含量复合肥用于早稻、油菜等作物则明显不能满足这些作物对磷素的需要，低钾含量的复合肥则不能满足玉米、晚稻、甘薯、烤烟、甘蔗等需钾量较大的农作物需要。

特别是含氯比较多的复合肥在烤烟、茶树、西瓜等耐氯性弱的作物上使用，可引起烤烟燃烧性变差、西瓜味道变咸、茶树新叶死

亡，严重降低农产品品质。

因此要根据不同农作物需肥特点来选择适当的复合肥品种。一般说来，禾谷类作物施肥要以提高产量为主，主要应根据土壤养分丰缺状况来选择养分形态和配比适合的复合肥；而经济作物对氮、磷、钾的需求量为钾＞氮＞磷，经济作物增施钾肥不仅可以提高产量，更重要的是对改善品质有重要作用。

与大多数经济作物一样，块根类作物（如甘薯等）、根茎类作物（如莲藕、玉竹等）及玉米、晚稻等宜选用含钾量比较高的复合肥；相对而言，早稻、花生、芝麻、油菜、辣椒等作物要注意选用含磷量较高的复合肥；叶类蔬菜宜选用含氮量较高的复合肥。

西瓜、草莓、葡萄、柑橘、烤烟、茶树等耐氯性弱的作物应选用含氯量低的硫基复合肥。鉴于复合肥养分比例固定，在使用时要配合使用单质肥。以复合肥为主，单质肥用以调节和补充养分的不足。提倡使用专用复合肥，如水稻专用肥、柑橘专用肥、西瓜专用肥等。

（二）不按土壤类型施用

如含硝态氮复合肥在水田中使用，因淋溶性和反硝化脱氮作用而氮损失严重；含枸溶性磷肥（如钙镁磷肥）的复合肥在石灰性土壤（偏碱性）使用则肥效差。鉴于此，含硝态氮的复合肥应在旱地上使用，而不宜在水田里使用；含氯离子和铵根离子的复合肥不宜在盐碱地上使用；含硫酸根离子的复合肥最好不要在水田上使用，含钙镁磷肥的复合肥宜在酸性土壤和中性土壤上使用。

（三）施用时期和部位不当

如在农作物生长发育后期使用复合肥引起贪青晚熟，肥料接触种子引起肥害等。复合肥分解比较缓慢，不易流失和挥发，肥效持续时间较长，应主要做基肥使用。在农作物生长后期不宜使用复合肥，如需施肥可及时补充速效肥。

在用种量较少时，复合肥可做种肥施用，但要将种子与肥料隔开；在用肥量较大时复合肥可做基肥全耕层深施，在稻田可作为叶面肥施用。

十一、尿素使用十大禁忌和施用方法

尿素又称碳酰胺，是一种白色晶体，是最简单的有机化合物之一，也是目前含氮量最高的氮肥。

作为一种中性肥料，尿素适用于各种土壤和植物。它易保存，使用方便，对土壤的破坏作用小，是目前使用量较大的一种化学氮肥。工业上用氨气和二氧化碳在一定条件下合成尿素。

尿素含氮量高，施用后效果明显，它既可做基肥、追肥，还可做根外追肥，深受广大农民群众的喜爱。

但若施用方法不正确，施用时期不适宜，就会导致其利用率显著下降，严重时利用率仅为 $10\% \sim 20\%$。种植户既花了钱，又浪费了时间，但却没有收到应有的效果，甚至还可能引发肥害，危害作物，因此，正确、科学地追施尿素非常必要。

（一）使用尿素的十大禁忌

1. 忌与碳酸氢铵混用　尿素施入土壤后，要转化成氨态氮才能被作物吸收，其转化速度在碱性条件下比在酸性条件下慢得多。碳酸氢铵施入土壤后呈碱性，pH8.2～8.4。农田混施碳酸氢铵和尿素，会使尿素转化成氨的速度大大减慢，容易造成尿素的流失和挥发损失。因此，尿素与碳酸氢铵不宜混用或同时施用。

2. 忌地表撒施　尿素撒施在地表，常温下要经过 4～5 天的转化才能被利用，大部分氮素容易在氨化过程中挥发掉，一般实际利用率只有 30% 左右，如果在碱性土壤和有机质含量高的土壤中撒施，氮素的损失会更快、更多。

而且尿素浅施，易被杂草消耗。尿素深施，融肥于土壤中，使肥料处于湿润的土层中，有利于肥效的发挥。做追肥应穴施于苗旁或沟施在苗侧，深度应在 10～15 厘米。这样，尿素集中在根系密集层，便于作物吸收利用。试验证明，深施比浅施能提高尿素利用率 10％～30％。

3. 忌做种肥　尿素在生产过程中，常产生少量的缩二脲，当缩二脲含量超过 2％时就会对种子和幼苗产生毒害，这样的尿素进入种子和幼苗中，会使蛋白质变性，影响种子发芽和幼苗生长，故不宜做种肥。若必须作为种肥施用，要避免肥料直接与种子接触，并控制用量。

4. 忌施后马上灌水　尿素属酰胺态氮肥，它要转化成氨态氮才能被作物根系吸收利用，转化过程因土质、水分和温度等条件不同，时间有长有短，一般施入土壤后经过 2～10 天才能完成转化，若施后马上灌、排水或旱地在大雨前施用，尿素就会溶解在水中而流失。一般夏、秋季节应在施后 2～3 天才能灌水，冬、春季节应在施后 7～8 天后浇水。

5. 忌与碱性肥料混施或同时施用　尿素施后须转化成氨态氮才会产生肥效，而氨态氮在碱性条件下，大部分氮素会变成氨气挥发掉，所以尿素不能与石灰、草木灰及钙、镁、磷肥等碱性肥料混施或同时施用。一般来说，夏、秋季节尿素与碱性肥料应错开 3～4 天施用，冬、春季应错开 7～8 天。

6. 忌施于芹菜　芹菜整个生长期间需追施大量的氮素肥料，但不可施尿素。因为追施尿素，会使芹菜纤维增多变粗，植株老化，生长缓慢，且食用带苦味，品质低劣。芹菜适宜施碳酸氢铵、氨水和有机肥料，有利提高品质。

7. 忌用量过大　尿素含氮量高，施用量不宜过大，以免造成不必要的浪费和肥害。一般每亩施用 5～15 千克，水田每亩施 15～20 千克。施用过多，在转变为碳酸氢铵前不能被土壤吸收，容易被雨水淋失，且易伤害作物。同时尿素施得过多，大部分会流失，进入地下水，将会导致水体的氮素污染，造成亚硝酸盐的沉积，严重影响人、畜安全。

8. 忌高浓度叶面喷施　在所有氮肥里面，尿素是最理想的叶面肥。喷施尿素，作物合成蛋白质的数量和速度都超过喷施其他氮肥。但叶面喷施时切忌尿素溶液浓度过大，否则会烧坏叶片，也会毒害植株。通常对玉米、小麦、水稻、棉花的浓度以 2％为宜；蔬菜以 0.5％～1％比较合适；果树以 0.5％～1.5％为宜。

9. 忌施用过迟　尿素施用过晚，不利于肥效的发挥，易造成作物贪青晚熟，故一般应比其他氮肥早施 4～7 天。

10. 忌单一施用尿素　尿素的有效成分是氮素，养分单一，而作物生长发育需要多种营养成分。因此，尿素应和有机肥及磷、钾肥等配合施用，以满足农作物对各种养分的需要。而且尿素与有机肥及化肥合理混施，还能有效提高其利用率。如尿素与过磷酸钙混合施用，可以使不稳定的碳酸氢铵转化为稳定的磷酸铵，这样氮的自然挥发就会大幅减少。尿素与有机肥料混合施用，在发酵过程中产生有机酸，也可加速尿素的转化与分解，迅速被作物吸收，提高尿素的利用率。

（二）尿素的正确使用方法

1. 平衡施肥　尿素是纯氮素化肥，不含作物生长必需的大量元素中的磷、钾，因此，做追肥时应在测土化验的基础上，采用配方施肥技术，平衡施入氮、磷、钾肥。先把作物全生育期所需的全部磷、钾肥和部分（30％左右）氮肥结合整地底施。再把剩下70％左右的氮肥（可以用尿素）作为追肥施入，其中作物的需肥临界期、最大效率期追施 60％左右，后期追施 10％左右。只有氮、磷、钾三种肥料合理配合、科学施入，才能使追施尿素的利用率提高。

2. 适期追施　每种作物对氮、磷、钾的吸收都有一个特定的临界期（即作物对某种元素吸收特别敏感的时期）。适宜施肥期缺肥（氮、磷、钾肥），会导致作物的产量降低，品质下降，即使以后再施入充足的肥料，对作物产量、品质的影响也无法逆转。除此之外，还有一个最大效率期，此期施肥作物可获得较高的产量，作物对肥料的利用效率最高。由以上分析可见，只有在作物的营养临界期和最大效率期追肥，才能提高肥料的利用率，使作物达到高

产、优质。

不同的作物其需肥临界期、最大效率期不同，应区别对待，合理施用。比如小麦、玉米等禾本科作物的需氮临界期在分蘖期、穗分化期，棉花在蕾铃期等。氮肥最大效率期小麦在拔节至孕穗期，水稻在分蘖至拔节期，玉米在大喇叭口期，番茄在结果期，白菜在莲座期，向日葵在花蕾期，大豆在初花期等。尿素被作物吸收，这一过程需要 6～7 天，此间尿素首先被土壤中的水分溶化，后缓慢转化成为碳酸铵。因此，尿素做追肥施用时，应在作物的需氮临界期和肥料最大效率期前 1 周左右施入，不可过早或过迟。

3. 深施覆土　施用方法不当极易造成尿素随水流走、氨气挥发等氮素损失现象，不仅浪费肥料，耗费人工，还极大地降低了尿素的利用率。

正确的施用方法是在玉米、小麦、番茄、白菜等作物上施用，应在距离作物 20 厘米处，挖 15～20 厘米深的穴，将肥料施入后用土盖严，在土壤不是太干旱的情况下 7 天后浇水。当土壤干旱严重确需浇水时，应小水轻浇 1 次，不可大水漫灌，以防尿素随水流失。在水稻上施用时，应采用撒施，施后保持土壤湿润，7 天内不能灌水，待肥料充分溶化被土壤吸附后，可浇 1 次小水，而后再晾晒 5～6 天。

叶面喷施尿素扩散性强，易被叶片吸收，对叶片损伤较小，适合做根外追肥，可结合作物病虫害防治进行叶面喷施。但做根外追肥时，应选择缩二脲含量不超过 2％的尿素，以防损伤叶片。根外追肥的浓度因作物不同而有差别。喷施时间宜在 16:00 后，此时蒸腾量小，叶面气孔逐渐张开，有利于作物对尿素水溶液的充分吸收。

十二、农家肥施用禁忌

农家肥是农村中就地取材、就地积制的有机肥主体，包括人、畜、禽粪尿等，是发展生态农业的重要材料。因农家肥各有不同的特点，在使用中也要注意合理施用。

（一）人粪尿

人粪尿的养分含量高、腐熟快、肥效显著，有细肥之称。

注意事项：

（1）人粪尿在施用前必须要经过彻底腐熟，经过无害化处理后才可使用。

（2）忌氯植物如马铃薯、甜菜、烟草等不宜多用，干旱、排水不畅的盐碱地限量施用。

（3）禁止人粪尿与草木灰、碳酸氢铵等碱性物质混存、混用。

（4）不要将人粪晒制粪干，避免氮损失。

（二）猪粪尿

猪粪尿的质地比较细，成分复杂，含有较多的氨化微生物，容易分解，而且形成的腐殖质较多。猪粪尿是性质柔和而有后劲的有机肥料。

注意事项：

（1）氮素易分解，含磷较高，而且有机磷不易被土壤固定，钾素大多为水溶性钾，易被作物吸收。

（2）在微生物的作用下含磷的化合物极易转化为磷酸和磷酸盐；蛋白质、尿素、氨基酸、尿酸等转化为铵盐和硝酸盐，极易分解和流失。

（3）积存时要加铺垫物，常用土或草炭，土肥比 3∶1 为佳。

（4）提倡圈内垫圈和圈外堆制相结合，勤起勤垫，有利于粪肥养分腐熟。

（5）禁止将草木灰倒入圈内，以免引起氮素的挥发流失。

（三）牛粪尿

牛粪尿质地致密，成分与猪粪相似，粪中含水量高，通气性差，分解缓慢，发酵温度低，肥效迟缓，故习惯称牛粪尿为冷性肥料。未经腐熟的牛粪尿肥效较低。

注意事项：

（1）牛粪尿宜加入秸秆、青草、泥炭或土等垫圈物，吸收尿液，加入马粪、羊粪等热性粪肥有利于促进牛粪尿腐熟。

（2）制堆肥时加入钙、镁、磷肥，以保氮增磷，提高肥料质量。同时要在堆肥外层抹泥 7 厘米左右。

（3）腐熟好的牛粪尿宜做基肥，整地起垄时施入。必须腐熟后施用，确保养分转化和消灭病菌与虫卵。

（4）不宜与碱性肥料混合使用，如氨水、碳酸氢铵等。

十三、磷酸二氢钾叶面肥的作用及使用方法

磷酸二氢钾系磷钾高效复合肥，它可促进农作物光合作用，迅速补充土壤有效营养元素，提高土壤肥力，易为作物吸收利用，能促进茎秆生长、籽粒形成，使作物苗旺秆壮，根粗叶茂，籽粒饱满，早熟增收，千粒重增加，结实率提高，作物抗倒伏、抗寒、抗旱、抗病虫害能力增强，作物品质改善等。具有用量少、肥效高、易吸收、见效快、使用方便、增产效果显著等特点。是无毒、无害、无残留的绿色肥料。适用于多种类型土壤及粮食作物、经济作物，如谷类作物、薯类作物、食用豆类作物、油料作物、蔬菜、果树、药用作物、观赏植物、糖料作物、纤维作物等，还可作为其他肥料的基料。磷酸二氢钾可用于浸种、拌种、蘸根、灌根、叶面喷施、根施。在作物生长关键时期使用经济实惠、效益高。如播种前用于种子浸种、拌种；在粮食作物的拔节期、打苞期、孕穗期使用效果较好，增产幅度一般在 $10\%\sim40\%$。磷酸二氢钾的施用方法：

1. 叶面喷施　在作物生长发育中、后期喷施 $2\sim3$ 次，每次间隔 $7\sim8$ 天，肥料溶液适宜浓度根据不同作物种类及生长时期一般为 $0.1\%\sim0.6\%$，每亩喷施溶液量为 $50\sim70$ 千克，要避开正午的阳光喷施，阴雨天不宜喷施，勿与碱性农药混用。

2. 浸种 0.2%磷酸二氢钾水溶液浸泡种子18～20小时，捞出阴干后播种。浸种用过的溶液仍可用于叶面喷施或灌根。

3. 拌种 将1%～2%磷酸二氢钾水溶液用喷雾器或弥雾机均匀洒于种子上，稍晾置一会儿即可播种，每千克溶液拌种10千克左右。

4. 蘸根 0.5%磷酸二氢钾水溶液蘸根。

5. 灌根 一般用0.2%磷酸二氢钾水溶液灌根，每株灌150～200克。大棵作物如高粱、玉米可适当多灌。

6. 根施 可代替其他磷、钾肥做基肥。

十四、如何提高叶面肥的效果

叶面喷肥效果与喷施作物品种、喷施部位、喷施浓度、喷施时间等因素密切相关。

（一）喷施作物种类

棉花、西瓜、黄瓜、番茄、苹果、葡萄等双子叶植物叶面积大，角质层薄，溶液中的养分被吸收，常有较好的效果。

水稻、小麦、韭菜、大蒜等单子叶植物的叶面积小，且叶表面覆盖蜡质层，溶液中的养分难以被吸收，喷施效果相对较差。

（二）喷施部位

主要适合喷施于新陈代谢旺盛的幼叶和功能叶，而老叶吸收慢，效果差。通常来说，叶背面气孔比正面要多，溶液易被吸收，应尽量多喷于叶背面。

（三）喷施浓度

不同肥料其喷施浓度有较大差异。尿素0.5%～1%，过磷酸钙1%～1.5%，磷酸二氢钾0.2%～0.5%，硫酸钾0.5%左右，微量元素肥料通常为0.1%～0.5%。

（四）喷施时间

叶对养分的吸收取决于溶液在叶片停留的时间。中午温度较高，溶液中水分容易蒸发，不利于作物对养分的吸收。露水未干时，也不宜施用。通常在 15:00 以后喷施为宜。

十五、大量元素水溶肥价格的差别

原料级别是决定水溶肥价格的最根本因素。生产水溶肥的原料有四个层次，食品级、饲料级、工业级、农业级。以磷酸二氢钾为例，食品级的价格是每吨 13 000 元左右，饲料级的价格在每吨 12 000元左右，工业级原料是每吨 8 000 元左右，农业级的价格是每吨 7 000 元左右。高品质的水溶肥料一般都采用工业级的原料进行生产，原料价格高，并且在肥料养分含量、水溶性、吸收效率、重金属含量、产品稳定性等方面明显优于农业级原料。差些的水溶肥料采用农业级别的原料进行生产，价格低廉，品质很难保障。有些不法厂家利用全水溶做文章，混装纯硫酸镁、氯化钾或者硝酸钾等原料牟取暴利。

（一）磷源

水溶肥料里，磷的来源非常重要，磷源对于促花保果，促进根系发育都有非常重要的作用。水溶肥里面的磷含量都以五氧化二磷（P_2O_5）来表示。合格的水溶肥料应该是 100% 水溶，主要强调产品无杂质不会堵塞滴灌管微小滴头，水不溶物 $\leq 0.2\%$，各种水溶肥料的原料来源是高纯度的化学品，一般达到工业级水平。

选择差的磷源生产的肥料意味着流动性差，产品容易结块，也容易堵塞滴灌管道及滴头，导致用户肥料罐的固体沉积和结垢。差的磷源作为复配原料与其他原料难以混合均匀，导致吸收率低。

（二）钾源

钾来源主要有四种：氯化钾、硫酸钾、硝酸钾与磷酸二氢钾。一般来说，用氯化钾作为肥源的肥料价位最低，其次是硫酸钾，最好的是硝酸钾与磷酸二氢钾。因为硫酸钾及氯化钾含大量的硫酸根离子及氯离子，长期施用很容易导致作物缺钙，导致裂果、根尖发黑停止生长、黄叶、脐腐等发生。此外，长期使用含硫酸根离子及氯离子的肥料会使硝态氮的吸收效率大幅降低，大棚土壤盐分富集加重，使土壤板结不利于作物根系生长。而用硝酸钾与磷酸二氢钾生产的水溶肥料，容易被作物吸收利用，不会出现盐分积累等症状，相应的价位也较高。

（三）配方肥

在配方的基础上，优质水溶肥中添加了助剂，将水溶肥料制剂化，防止产品结块，添加螯合剂防止元素淋溶流失，提高肥料利用率，提高作物产量和品质。

有些生产商在水溶肥料中添加生长调节剂等物质，冲施后会促使细胞过度膨大，破坏植物的生长状况，前期促进作物生长效果非常明显，但是在中后期容易造成作物早衰，植株抵抗力降低，严重影响植株的中后期产量，还容易引起药害。

十六、腐殖酸介绍

（一）腐殖酸简介

腐殖酸是一种天然有机大分子化合物的混合物。广泛存在于自然界中，土壤中腐殖酸的含量最多，土壤腐殖酸是物理化学上的非均相复杂混合物，分子具多分散性，是由天然的、分子质量较高、无定形、胶状、具有脂肪性和芳香性的多种有机聚电解质组成，不能用单一的化学结构式表示。

（二）腐殖酸的来源

（1）土壤腐殖酸主要是植物在微生物作用下形成的一类特殊的大分子有机化合物的混合物。

（2）煤炭腐殖酸是微生物将植物分解和转换后，又经过长期地质化学作用，形成的一类大分子有机化合物的混合物。

（三）腐殖酸结构功能与作用

1. 结构　腐殖酸是一类天然有机弱酸，由黄腐酸、黑腐酸和棕腐酸三部分组成。

2. 元素组成　煤炭腐殖酸与土壤有机质中的腐殖酸具有相似的结构和性质，腐殖酸的主要元素有碳、氢、氧，还有少量的氮和硫，另外还有多种官能团。

3. 腐殖酸的作用　土壤有机质中一半以上是腐殖酸，腐殖质是由腐殖酸及其与金属离子相结合的盐类组成的混合物，腐殖酸是有机质中最活跃、最有效的部分。

（1）腐殖酸的直接作用。促进植物生长，提高农作物产量。

（2）间接作用。

①物理作用：改善土壤结构；防治土壤裂化和侵蚀；增加土壤持水量，提高作物抗寒能力；使土壤颜色变暗，有利于吸收量太阳能。

②化学作用：调节土壤 pH；改善和优化植物对养分和水分的吸收；增加土壤缓冲能力；在碱性条件下，是一种天然螯合剂，与金属离子螯合，促进金属元素被植物所吸收；富含植物生长所必需的有机质和矿物质；提高有机肥料的溶解性，减少肥料流失；使营养元素转化成易被植物吸收的状态；能加强植物对氮的吸收，降低磷的固定，能把深入土壤中的氮、磷、钾等元素储存于土壤中，并能加速营养元素进入植物体的过程，提高无机肥料的应用效果，所以说，腐殖酸是植物营养元素和生理活性物质的"储备库"。

③生物作用：刺激土壤中有益微生物的生长和繁殖；提高植物

自然抗病、抗虫害的能力。

（四）常用腐殖酸的种类和特性

目前作肥料常用的腐殖酸分为褐煤腐殖酸、风化煤腐殖酸、泥炭腐殖酸。

1. 褐煤腐殖酸　该腐殖酸是成煤过程中第二阶段（成岩作用）的产物，至烟煤阶段已不含腐殖酸。褐煤外观呈褐色，少数呈黑色，按颜色深浅可分为：

（1）土状褐煤。煤化程度较浅，碳含量低，腐殖酸含量较高，一般在40%以上。

（2）亮褐煤。煤化程度较深，碳含量较高，腐殖酸含量较低，一般为1%～10%。

（3）致密褐煤。介于土状褐煤和亮褐煤之间，一般腐殖酸含量可达30%左右。

2. 风化煤腐殖酸　也称天然再生腐殖酸，俗称露头煤。一般是由接近或暴露地表的褐煤、烟煤、无烟煤，经过空气、阳光、雨雪、风沙、冰冻等的渗透风化作用而形成。风化煤中的腐殖酸含量波动较大，从5%到80%不等。

3. 泥炭（泥煤、草炭等）**腐殖酸**　泥炭是成煤的初始阶段，又称泥煤。泥炭中的有机质，是由未分解的植物残体和腐殖酸组成，中国泥炭中腐殖酸含量为20%～40%。

（五）腐殖酸肥料的发展前景

我国绿色食品生产的质量控制技术体系，整体已达到欧盟、美国、日本等发达国家及地区的食品质量安全标准，已实现与国际接轨。生产绿色安全食品，要从根本上解决土壤污染问题。从施肥角度讲，必须坚持有机、无机肥相结合，使用腐殖酸类肥料是较好的选择，腐殖酸与化肥相结合能够实现良好的集成效应。

大量研究表明，腐殖酸是无机肥料的最佳搭配，是氮肥的缓释剂和稳定剂，磷肥的增效剂，钾肥的保护剂，是中、微量元素的调节剂和螯合剂，腐殖酸对化肥有显著地增效作用。

腐殖酸类肥料未来发展方向是智能化、专业化、复合化、长效化、颗粒化和地域化等。

美国20世纪80年代就开始推广腐殖酸类肥料，当时我国就有人主张引购示范，但由于运输费用太大，农民难以接受。近几年，随着腐殖酸肥料的研究开发，除国家科研院所外，民间企业和各种组织也积极开展腐殖酸肥料的研究、开发和推广，并取得一定成效。

农药、化肥的过量施用，不但加剧环境污染，而且导致地力下降，已严重影响农业的可持续发展。而腐殖酸的应用可以减少农药、化肥的使用量，减少农业生产对环境的污染，有利于提高作物的抗病虫害及抗逆能力，改良土壤环境，提高农产品产量与品质，可产生良好的经济生态效益。

（六）腐殖酸肥料强大的功效特点

腐殖酸是一种有机质含量较高、关联效应较好的有机肥料，既是土壤的改良剂，也是化肥的增效缓释剂。腐殖酸与化肥的结合能够实现良好集成效应。腐殖酸多种功能的综合作用如下：

1. 腐殖酸是具有吸水、蓄水功能的有机胶体物质　腐殖酸阳离子交换量大，有较强的吸附缓冲性和螯合能力，可提高土壤中的养分利用率，缓冲酸碱危害。腐殖酸是有机大分子胶体，具有很强的吸水、蓄水功能。黏土颗粒吸水率一般为 $50\% \sim 60\%$，而腐殖酸类物质的吸水率可达 $500\% \sim 600\%$，因此，使用腐殖酸类肥料有利于改善土壤水分状况。

2. 腐殖酸能改善土壤结构　决定土壤肥力的是有机-无机复合体的含量。无机矿物质胶体一般在土壤中含量高达 95% 以上，对土壤基础肥料有一定影响，且不可通过人工措施改变。有机胶体即腐殖酸类物质，一般仅占有机-无机复合体的 5% 左右，但却与矿物胶体具有同等重要的作用，且可采取人工措施调控。腐殖酸类肥料可作为土壤改良剂，有效增加土壤中腐殖酸类含量，作为土壤团粒结构形成的黏合剂，提高土壤有机-无机复合度，增加土壤中大粒径水稳性团聚体，使土壤结构得到改善。施用腐殖酸类肥料能有效改良土壤的物理结构。

3. 叶面喷施腐殖酸液肥，能降低气孔导度，减少水分蒸腾和损耗 河南省农业科学院研究发现，小麦喷施黄腐酸，不仅能使叶面气孔导度降低，还能使小麦气孔开张度缩小和气孔关闭，同时还为小麦提供了养分。

4. 腐殖酸能刺激作物根系生长，增强根系的吸水能力 腐殖酸含有多种具有化学活性和生物活性的官能团，具有刺激作物生长发育的作用，可使作物种子早萌发、早出苗、早开花、早坐果，同时还能增加根长、根量和根系活力，增强作物根系吸收养分和水分的能力。

5. 腐殖酸能增强植物自身生理调节功能，提高作物抗寒能力 施用腐殖酸肥料，能增强土壤和植物体中酶的活性，调节作物生理代谢功能，增强作物对不利环境条件的适应性。

综上所述，腐殖酸及腐殖酸类肥料，能改良土壤结构，改善土壤理化性能，增强土壤的保水、保肥能力，能刺激作物根系生长发育，提高吸水能力，降低叶片水分蒸腾和损耗，增强作物抵御不良环境的能力，提高水分和养分的利用率。

（七）高活性腐殖酸的突出功效

高活性腐殖酸，是微生物与高品质腐殖酸的有机结合，产品活性高，作用效果明显。主要功能：

（1）改善土壤结构，促进土壤团粒的形成，协调土壤水、肥、气、热状况，既能增加土壤透气性，又能保水，有利于保持土壤不板结。

（2）增强土壤保肥、供肥能力，减少有效养分损失。延长供肥时间，促进作物均衡生长。

（3）改善土壤酸碱性，减轻有毒因子的副作用。

（4）提供微生物生命活动所需要的营养，促进微生物的繁殖和活动，增强微生物的活性。

（5）与化肥配合施用可提高化肥的肥效。腐殖酸与氮结合，氮肥增产率可提高 10％左右。

（6）可使种子提早发芽，提高种子的发芽率及出苗率，用一定浓度的腐殖酸浸种，可提早发芽 1～3 天，出苗率提高 10％～25％。

（7）促进生根和提高根系吸水能力。用腐殖酸蘸根、浸根，作物出根快，根数多，根重增加，并能增强根系对养分的吸收能力。

（8）能增强繁殖器官的发育，使作物提早开花，提高授粉率，增加产量。

（9）增强作物抗逆能力，使用腐殖酸的作物抗寒、抗旱、抗病能力明显增强。

（10）刺激作物生长发育，使用腐殖酸可以增强作物多种酶的活性，提高作物吸收水分和养分的能力，增强作物代谢能力，加速生长发育，提早成熟，提高品质。

十七、腐殖酸的使用方法

（一）腐殖酸的适用情况

（1）如果土壤酸化或者盐碱化，可用腐殖酸调节，为作物根系创造良好的生长环境。

（2）化肥施用过量后土壤盐渍化、板结、有机质缺乏，可用腐殖酸降低土壤电导率，减少土壤中游离的盐分。

（3）用了生物菌剂之后效果不理想，可用生物菌配合腐殖酸施用。腐殖酸能为生物菌提供碳源，增加有益菌的繁殖速度和数量，使生物菌剂发挥更大功效。

（4）地温低时，可施腐殖酸调节地温。硝酸钾溶于水后会导致水温降低，冲肥时加入腐殖酸可缓解低温对根系的不利影响。另外，冲施腐殖酸后地表颜色加深，更有利于吸收阳光，提高地温。

（5）旱季、雨季来临前，施用腐殖酸会在一定程度上减轻旱灾、涝灾之后的田间损失。

（6）根部发育不良、早衰时，施用腐殖酸，能够促进作物毛细根的发育。

（7）对产品色泽和表面光洁度要求较高的作物，可多施用腐殖酸，因为腐殖酸能促进作物表面蜡质、角质和木质素的合成。

（8）对产品体积有一定要求的作物，建议多用腐殖酸，腐殖酸能够增加膨大部位的细胞数量，增大细胞体积。

（9）长势弱的作物，施用腐殖酸可帮助作物快速恢复长势。

（二）腐殖酸的正确用法

腐殖酸应用于肥料加工，做腐殖酸尿酸、水溶肥、腐殖酸钾、腐殖酸钠、腐殖酸有机-无机复混肥、腐殖酸铵、硝基腐殖酸。腐殖酸也可应用于食料添加剂、石油钻井助剂、鱼塘净化剂等。

若施用腐殖酸后效果不理想，也有可能与施用方法有关。下面总结几个腐殖酸使用常见的误区。

（1）腐殖酸不是一次使用越多越好，而要少量多次。

（2）不要光冲施，应冲施、喷施结合施用，这样协同作用更明显。正常腐殖酸活化料对于经济作物亩施 $100 \sim 500$ 千克，大田作物亩施 $50 \sim 100$ 千克。活化料中腐殖酸含量越高施用量越少；活化腐殖酸类肥料酸含量低的建议多做底肥或冲施肥，酸含量高、水溶性好的多建议随滴灌、喷灌施入。

（3）并非每种作物都对腐殖酸表现出肉眼可见的效果。施用腐殖酸前，对于不同作物对腐殖酸的反应要有积极地认识：

①腐殖酸在根茎类作物上效果最为明显，应将推广工作重点转向萝卜、马铃薯、甘薯等作物种植。

②叶子比较宽大的瓜类以及小麦、水稻等，施用腐殖酸，能明显促进作物生长。

③施用后效果不明显的作物有油菜、蓖麻等油料作物，虽然实际效果是有的，如根系发育的速度、根冠比等，但这些数据只能通过科学方法检测、计算得知，很难从地上部表现得知。

（4）土壤本身含有很多的腐殖质，土壤条件良好的情况下，施

用腐殖酸的效果就不明显。

（三）使用腐殖酸的技巧

（1）腐殖酸搭配化肥使用，可以减少化肥 10%～20% 的用量。

（2）腐殖酸遇到水中的钙、镁离子会产生絮状沉淀，为了防止堵塞滴灌孔，在滴灌腐殖酸肥料时，要尽量减少滴灌时间，做到少量多次，同时保证充分溶解、稀释。

（3）腐殖酸呈黑色或深棕色，如果喷施时浓度过高或雾化程度较差，水分蒸发后往往会在果面、叶面留下黑色斑点。这种斑点可用清水冲洗掉，对作物不会产生危害。

（4）虽然腐殖酸在作物全生育期都能使用，但出于经济考虑，建议在作物生长最适时期冲施，以达到肥料的最大利用率，节约成本。

（5）根据 NY 1106—2010《含腐殖酸水溶肥料》的规定，腐殖酸原料必须是矿物源腐殖酸。鉴别矿物源或生化腐殖酸的方法：

①闻味：矿物源腐殖酸无味，生化腐殖酸根据来源不同会有芳香味、糖蜜味等异味。

②辨色：矿物源腐殖酸多呈黑色，生化腐殖酸多为棕色或棕黄色。

十八、腐殖酸肥小知识

（一）如何购买合格的腐殖酸肥料

腐殖酸类肥料具有改良土壤、提高养分利用率、增强植物抗逆性、促进土壤有益微生物活性、增产提质等多种功效。为了确保购买的腐殖酸肥料质量，一定要注意以下几点：

1. 核对执行标准 工业和信息化部发布 HG/T 5045—2016《含腐殖酸尿素》和 HG/T 5046—2016《腐殖酸复合肥料》化工行业标准。相应肥料中的氮、磷、钾含量必须满足标准规定。

2. 核对包装袋上腐殖酸含量标注 包装袋上要明确标注出腐

殖酸的含量，如含腐殖酸尿素质量分数要求≥0.12%。高浓度、中浓度或低浓度的腐殖酸复合肥料中，腐殖酸总的质量分数要求分别大于2%、4%、6%，如果仅标注含腐殖酸字样，而没具体标注数值，则为不正规产品。

3. 检查产品使用说明 不同作物的不同时期，腐殖酸肥料的使用量是有差异的，因此使用说明的内容应细致、全面。如果使用说明的内容粗糙，则不建议购买。

（二）辨别腐殖酸肥料的优势

1. 水溶性 取少量腐殖酸肥料置于水里，观察溶解的速度快慢及有无沉淀物。通常质量好的腐殖酸肥料溶解速度快、无或极少有沉淀产生。

2. 检查颜色 如果是腐殖酸水溶肥料或者粉剂，可取少量肥料溶在清水中，水的颜色会变为褐色。如果颜色非常深，则可能是染过色的。如果是腐殖酸颗粒肥，可以用手使劲搓，如果掉色并且颜色难以用水洗掉，也存在染色嫌疑。还可以将颗粒碾碎，观察颗粒里、外的颜色是否为均匀一致的黑褐色，若不一致则有染色之嫌。

3. 判断是否为活化腐殖酸 有些腐殖酸肥料中添加了没有进行活化或者活化程度很低的腐殖酸原粉，以这类原料制成的腐殖酸肥料效果差、见效慢。腐殖酸必须要经过活化才能发挥肥效。利用腐殖酸原粉生产的腐殖酸肥料价格很低廉，遇上价格低廉的腐殖酸肥料一定要谨慎购买。

十九、盐碱地施肥注意事项

盐碱地是盐地和碱地的总称。盐地是氯化物或硫酸盐含量较高的土壤，pH不一定高；碱地是碳酸盐或重碳酸盐含量较高的土壤，pH较高，偏碱性。盐碱地的共同特点是土壤有机质含量低，理化性质差，对作物生长有害的离子多，易使作物苗期不发，甚至死苗。盐碱地施肥要注意以下几点：①增施有机肥，控制化肥用量。化肥施用要遵循少量多次。②盐碱地含钾量高，含磷量低，应注意补充磷肥，适当补充氮肥，少施或不施钾肥。③施肥后要及时灌溉，降低土壤溶液浓度。④由于盐碱地不易发苗，施用种肥要特别小心，避免种子与肥料直接接触，影响发芽。

附录 主要作物缺素症

一、水稻养分缺失诊断

（一）水稻概述

水稻是世界重要粮食作物之一。水稻属须根系作物，不定根发达。穗为圆锥花序，自花授粉。水稻喜高温、多湿、短日照条件，对土壤要求不严。幼苗发芽最低温度10℃，最适温度为28～32℃。分蘖期适宜日均温度为20℃以上，穗分化适温为30℃左右；低温使枝梗和颖花分化时间延长。抽穗适温25～35℃，开花适温30℃左右，低于20℃或高于40℃，受精不良。适宜相对湿度50％～90％。穗分化至灌浆盛期是结实关键期；营养状况平衡和高光效，对提高结实率和增加粒重意义重大。抽穗结实期需大量水分和矿质营养；同时需增强根系活力和延长茎叶功能期。每产1千克稻谷需水500～800千克。

（二）水稻营养失衡症状

水稻对营养的需求是多方面的，氮、磷、钾、硅、镁、硫、钙的需求量较大；铁、锰、锌、硼、钼微量元素也不可忽视。水稻的整个生育期对养分平衡状况较为敏感，任意一种营养元素的不足或过量都会对正常生长和产量形成以及病虫害发生造成严重影响。

水稻缺氮表现为整株褪淡，下位叶枯黄，植株矮小，分蘖少、早衰，穗小、籽粒不饱满。但氮素过多则植株徒长，贪青、易倒伏，熟期延迟，空秕粒增加。

水稻缺磷植株紧束，生长迟缓、不封行，叶片及茎为暗绿色或灰蓝色，叶尖及叶缘常带紫红色，无光泽。缺磷水稻未老先衰。

缺钾水稻叶片从下位叶开始出现赤褐色焦尖和斑点，并逐渐向上位叶扩展，严重时稻田成片发红如火燎，株高降低，叶色灰暗，抽穗不齐，成穗率低，穗型小，结实率差，籽粒不饱满。栽培季节、品种类型和土壤条件不同，症状表现有差异。一类是返青分蘖期发生缺钾性赤枯病，或称青铜病；另一类是缺钾性褐斑病；还有一类是缺钾性胡麻叶斑病。

水稻缺镁症状先出现在低位衰老叶片上，缺镁症大多数在生育后期发生，病叶从叶枕处呈直角下垂。

水稻钙不足时幼嫩器官首先受到影响，生长点受损，心叶凋萎枯死。

水稻缺硫时上部叶片失绿，生长受阻，尤其是营养生长，症状类似缺氮。

水稻缺铁时叶片脉间失绿，呈条纹花叶，症状越近心叶越重。严重时心叶不出，植株生长不良，矮缩，生育延迟，以至不能抽穗。

缺锌的水稻叶片颜色发生变化，称为红苗病、火烧苗。缺锌水稻新叶中脉及其两侧叶片基部首先褪绿、黄化，有的连叶鞘脊部也黄化，之后逐渐转变为红棕色条斑，有的出现大量紫褐色小斑，遍布全叶；植株通常有不同程度的矮缩，严重时叶枕距平位或错位，老叶叶鞘甚至高于新叶叶鞘，称为倒缩苗或缩苗。幼叶发病基部褪绿，使叶片展开不完全，出现前端展开而中后部折合，出叶角度增大的特殊形态。如症状持续到成熟期，植株极端矮化、颜色加深、叶小而短似竹叶，叶鞘比叶片长，拔节困难，分蘖松散呈草丛状，成熟延迟，虽能抽出纤细稻穗，大多不实。

水稻缺锰新生叶片叶脉间绿色褪淡、发黄，叶脉仍保持绿色，脉纹较清晰，严重缺锰时有灰白色或褐色斑点出现。

水稻缺铜顶端枯萎，节间缩短，叶尖发白，叶片变窄、变薄。水稻铜过量插秧后不易成活，即使成活根也不易下扎，白根露出地表，叶片变黄，生长停滞。

水稻硼中毒叶尖及两侧叶缘发黄，出现淡褐色斑点，早期生长受抑制，有效穗数、每穗粒数均减少，花谷增多，空壳率增加，成熟期提前。

根据外部症状可以判断水稻是否缺素及其程度。

二、玉米养分缺失诊断

（一）玉米简介

玉米又名玉蜀黍，俗称苞谷、棒子、珍珠米等；是粮食兼饲料作物。

玉米喜温暖气候，种子发芽的最适温度为 25～30℃。拔节期需日均温度在 18℃以上。从抽雄到开花期要求日均温度 26～27℃。

灌浆和成熟期需保持在 20～24℃；低于 16℃或高于 25℃，淀粉酶活性受影响，导致籽粒灌浆不良。

玉米为短日照作物，日照时数在 12 小时内，可提早成熟。长日照则开花延迟，甚至不能结穗。

玉米在沙壤土、壤土、黏土上均可生长。

玉米适宜的土壤 pH 为 5～8，以 pH6.5～7.0 最适。耐盐碱能力差，特别是氯离子对玉米危害大。

玉米是一种高投入高产出的作物，营养充足且处于平衡状态才能保证高产和质优。

（二）玉米缺素症状描述

氮是生成玉米蛋白质、叶绿素等重要生命物质的组成部分；玉米对缺氮反应敏感，首先表现为下位叶黄化，叶尖枯萎，常呈 V 形向下延展。

磷参与玉米整个生育期的重要生理活动，如能量转化、光合作用、糖分和淀粉的分解、养分转运及性状表达。缺磷玉米植株瘦小，茎叶大多呈明显的紫红色，缺磷严重时老叶叶尖枯萎，呈黄色或褐色，花丝抽出迟，雌穗畸形，穗小，结实率低，成熟期延迟。

　　钾是玉米重要的品质元素。钾可激活酶的活性，促进光合作用，加快淀粉和糖类的运转，防止病虫害侵入，增强玉米的抗旱能力，提高水分利用率，减少倒伏，延长储存期，提高产量和品质。玉米缺钾出苗几周即出现症状，下位叶尖、叶缘黄化，老叶逐渐枯萎，节间缩短；生长发育延迟，果穗变小，穗顶变细不着粒或籽粒不饱满，淀粉含量降低，穗易感病。

　　玉米缺钙叶缘出现白色斑纹，常出现锯齿状不规则横向开裂，顶部叶片卷筒下弯呈弓状，相邻叶片常粘连，不能正常伸展。

　　玉米缺镁先出现条纹花叶，渐渐叶缘出现紫红色。

　　玉米缺硫整株褪淡、黄化、色泽均匀。

　　玉米缺铁叶片脉间失绿，呈条纹花叶，心叶症状重；严重时心叶不出，植株生长不良，矮缩，生长发育迟缓，有的甚至不能抽穗。

　　玉米缺锌苗期出现花白苗，称为花叶条纹病、白条干叶病。缺锌玉米 3～5 叶期呈淡黄色至白色，从基部到 2/3 处更明显。拔节后叶片中肋和叶缘之间出现黄白失绿条斑，形成宽而白化的斑块或条带，叶肉消失，呈半透明状，似白绸或塑膜，风吹易撕裂。老叶后期病部及叶鞘常出现紫红色或紫褐色，节间缩短，根系变黑，抽雄延迟，形成缺粒、不满尖的玉米穗。

　　玉米缺硼时幼叶展开困难，叶脉间呈现宽的白色条纹；茎基部变粗、变脆。严重时雄穗生长缓慢或很难抽出；果穗的穗轴短小，不能正常授粉。果穗畸形，籽粒行列不齐，着粒稀疏，籽粒基部常有带状褐色疤痕。

　　玉米缺铜叶片失绿、变灰、卷曲、反转。

　　根据外部症状可以初步判断玉米是否缺素及缺乏程度。

图书在版编目（CIP）数据

农业实用新技术集锦／包玉亭主编．—北京：中国农业出版社，2019.3
ISBN 978-7-109-25301-8

Ⅰ.①农… Ⅱ.①包… Ⅲ.①农业技术 Ⅳ.①S3

中国版本图书馆 CIP 数据核字（2019）第 042888 号

中国农业出版社出版
（北京市朝阳区麦子店街 18 号楼）
（邮政编码 100125）
责任编辑 郭 科
文字编辑 谢志新

中农印务有限公司印刷　新华书店北京发行所发行
2019 年 3 月第 1 版　2019 年 3 月北京第 1 次印刷

开本：880mm×1230mm 1/32　印张：6
字数：160 千字
定价：20.00 元
（凡本版图书出现印刷、装订错误，请向出版社发行部调换）